東アジアの米軍再編

在韓米軍の戦後史

我部政明
豊田祐基子［著］

吉川弘文館

目　次

序章　五つの戦争と再編する米軍

米軍再編は、米国が大きな戦争の遂行に伴って肥大化した軍を、整理するために行われる措置といえよう。国防費の削減、兵力の削減、組織の縮小と整理などと同時に、その後の戦争に向けた戦略の変更あるいは立て直しへ向かってきた。戦後の米国が手がけてきた再編は、以下の五つに分けることができる。

第二次世界大戦の終了とともに米国は動員解除と占領統治の実施、そして軍事態勢の整備となる国家安全保障法の制定、新たな戦争となった冷戦への対応を進めた。ヨーロッパにおけるドイツ占領、西ヨーロッパの復興などであり、北東アジアにおいては米国を主体とする連合国による日本占領、そして日本、三八度線以南の朝鮮半島、沖縄を管轄する米極東軍の設置となった。日本占領の管轄に含まれず、米極東軍の管轄下にあったのが南朝鮮と沖縄であった。韓国が建国された一九四八年八月一五日に軍事顧問団を残して米軍は撤退した一方で、日本との講和を検討した米国は、一九四九年二月八日に沖縄の長期保有を沖縄統治担当の軍政府へ伝えた。

二つ目の戦争は朝鮮戦争（一九五〇年―一九五三年）である。アジアでの冷戦が、一九五〇年六月二五日の北朝鮮の侵攻によって開始した。米軍・韓国軍を主体とした国連軍と、北朝鮮と後に参加した中国軍との間で三年にわたったにも関わらず膠着し、一九五三年七月二七日、戦争前とほぼ変わらない三八度線で南北を分ける休戦協定により戦闘が停まった。その後に、韓国軍の増強と同時に韓国に配備された米軍の多くが米本土やハワイへ撤退され、北東アジアの米軍の再配置が行われ、米極東軍は廃止され、ハワイに司令部をおく米太平洋軍に引き継がれた。日本では、配備されていた米地上兵力全部が日本から撤退し、それらの基地の一部は強化される自衛隊が引き受けた。日本にある米軍基地は航空、海軍の拠点と兵站の機能を担うこととされた。沖縄では、冷戦下の米ソの核戦争に対応する中核的な基地化が進められ、また日本に配備された米海兵隊が移駐してきた。これらの基地拡大に伴って土地接収が行われ、抵抗する沖縄の人々が「島ぐるみ闘争」を展開した。

三つ目の戦争はベトナム戦争（一九六〇年）一九六五年―七三年（一九七五年）である。アイゼンハワー政権下でベトナムへの関与が始まり、一九六一年にスタートしたケネディ政権下でベトナムへの介入が拡大した。南ベトナム軍の育成・強化の支援のために軍事顧問団として米軍が派遣されていた。地上兵力である南ベトナム軍を支援する米航空兵力の基地防衛として米海兵隊が一九六五年二月に投入されて以降、本格的な軍事介入をした。米軍が撤退する一九七三年までに、最大時に五三万の兵力を南ベトナムに送った。韓国では、朝鮮戦争後の米軍再編にて、地上兵力を二個師団に削減した。ベトナム戦争の最中のニクソン政権は、韓国の反対を押し切って一個師団削減し、一個師団を残した。現在まで一個師団の態勢は続く。日本では、関東計画と呼ばれた米軍基地の整理縮小（横田、横須賀に統合）を進めた。兵站機能を縮小して、空軍と海軍基地を重視した沖縄では、米陸軍の大幅削減、米海兵隊基地化が一層進行した。

四つ目が冷戦（一九四七年―九二年）である。ヨーロッパでの冷戦の終焉に伴い、北東アジアでも米軍再編が進められることになった。それまでに米中国交正常化によって、台湾からの米軍撤退（九五〇〇名）が一九七八年までに完了していた。また、フィリピンからの削減は、ピナツボ火山噴火による被害と米比基地協定が延長できない理由から、全面撤退（一一〇〇〇名）を迎えた。韓国、沖縄から若干の削減の他は、現状維持（東アジア戦略報告発表の一九九〇年以降、削減の計画は実現せず）となった。沖縄では、三米兵による少女レイプ事件を契機にして沖縄県内移設による基地統合（一九九六年合意）が発表された。面積の広い訓練場を除けば、大半は未完のままとなっている（二〇二二年時点）。

五つ目がテロとの戦い（二〇〇一年―二一年、アフガン戦争、イラク戦争、その他へ派遣）である。イラクやアフガンから米軍は撤退をしたものの、再編の東アジアへの影響は小さかった。その間、在韓米軍の第二歩兵師団を構成する三つの旅団の一つがイラクへ派遣された。韓国防衛の任務につく在韓米軍の一部を他の戦争に投入したのは、初めてのことだった。イラクに派遣された第二旅団は任務終了後、韓国には戻らず米本土へ移されたのを契機にして、在韓米軍兵力の約三分の一に相当する一万二五〇〇名が削減された。また、沖縄では米海兵隊の一部が、アフガンやイラクに派遣された。任務終了後、その一部が米本土へ戻されたが、削減規模は小規模にとどまった。沖縄での基地統合の一環として、米海兵隊九〇〇〇名の沖縄からグアムへの移転計画がなされたが、沖縄での普天間基地の代替として建設中の辺野古の海兵隊飛行場が埋め立て途中で、順調に進んでも二〇三〇年代にずれ込むとみられている。また、受け入れ先のグアムで一部の基地が完成をみただけで、部隊を受け入れるまでには至っていない（二〇二二年時点）。

この本の目的は、朝鮮半島情勢の変化による米国、韓国、日本の関係について軍事を軸として政治・外交の側面から考える視点を提供することにある。ここでは、大きく二つの課題を設定することにした。一つは、朝鮮半島の軍事的展開を地域（theater、古くは「方面」ともいう）の視点で捉える米軍の足跡（footprint）を歴史的に再構成することである。それにより、軍事緊張から有事に至る過程でどのような軍事作戦が選ばれ実行されるのかを理解することで、緊張の緩和と高まりに応じる米軍の削減や増強のあり方を見通せると考える。

もう一つは、米韓関係にある重要な柱である安全保障における課題を歴史的に叙述することである。そこでの最大の争点は二つである。朝鮮戦争休戦後の米軍再編つまり米軍削減をめぐる米韓の交渉、そして韓国軍の作戦統制権をめぐる米韓の交渉である。前者が現状維持を求める韓国に対し削減という変化を求める米国という構図として展開してきた。ここには自国の安全保障への直接的な影響を拭いされない日本という要因も作用した。後者は、作戦統制権を保持したい米国に対し自主性の高まりとして返還を求める韓国という安定化と不安定化を繰り返す構図となって現れた。いずれも世界的あるいは地域的な規模での米軍再編と同時に北東アジアでの米軍の再配置が進められてきたのである。

この本では、朝鮮半島情勢を日本にとってどのような軍事的な影響をもたらすのか、政治、外交を含めた歴史的叙述を通じて、明らかにする。いわば、ハブ・アンド・スポーク（Hub-and-spokes）という米国を基軸とした東アジア秩序が、これらの地域でのそれぞれの戦後世界を形成してきた。ここに立脚してきたのが、これら三カ国の関係といえる。つまり、米国の軍事力に依拠することを前提とした秩序であった。その下での軍事戦略であり、個々の作戦計画であり、具体的な事態に必要とされた作戦が実施されてきたといえるだろう。

戦後七〇年以上経った今、米国のバイデン政権が、米国との二国間関係同盟だけでなく、例えば日本と豪州のような米国の同盟国の間での安全保障関係を強化する現象が起きている。いわゆる対中国包囲網である。それを拡大してバイデン政権は、クアッド（Quad）と呼ばれるインドを加えた米豪日の間での中国に対抗する戦略的な協力関係強化を図る。テロとの戦いから新たな米軍再編を、東アジア（北東アジア、東シナ海、南シナ海を中心に）で進めようとしている。日本は米国との指揮権の擬似的な一体化を含む軍事的深化や、米国の同盟国である豪との間での関係強化を進めている。その一方で、日韓の間では反共の価値は共有しつつも、軍事的な協力はおろか、安全保障関係の共通の視座さえ築き上げないまま、現在に至る。

ここで扱うこれら三カ国について、それぞれの二国間の安全保障に関する研究は、英語では、数多く存在する。日本で出版される日本語文献でも、日米の間についての研究はいうまでもなく、米韓の間の政治・外交・軍事を扱う研究も多い。それに比べると、日韓の間となると、歴史的関係を除けば、軍事の分野となると極めて乏しい。それに対し、日本人による朝鮮半島をめぐる安全保障分野では、米国や韓国を含めた研究が日米間の安全保障研究と表裏の関係を形成している。また、米軍、自衛隊、韓国軍の順でそれぞれに焦点を合わせた日本語文献が並ぶものの、管見する限り、三つの関係を軍事的に眺める研究は乏しい。

なぜこうした研究成果の文献の数に不均衡が生まれているのだろうか。それは、三つのいずれかの視点で研究する人々がほとんどであるため、三つの関係を見定めることを必要としなかったからではないだろうか。

例えば、米国の視点で捉えると、朝鮮半島の安全保障には現在ある米軍基地の存在を前提に考えるため、日本と韓国の間にある国境線は遠のくばかりか、周りの米軍基地（グアムやハワイ）や米本土との軍組織の指揮命令系統を当然視する。韓国の視点に立つと、いかに在韓米軍が韓国軍を効果的に支援できるのか、またいかに兵站を含む戦闘部隊の増派の実行可能性を高めるのかという点に議論が集まる。日本の存在は増派に際して都合の良い環境を整備できるのかどうかの視点で捉えられる。日本の立場では、韓国への米国の関与のあり方の変化により日本の安全が脅かされるかもしれないことに終始注目する。一方で、北朝鮮と韓国の緊張の高まりと日本の安全との相関関係を重視する傾向にある。

こうした従来の研究では言及されることの少ない軍事の分野における分析を届けるのが、この本の使命だと考えた。歴史的な叙述は主に米国の公的な文書資料に基づいている。それは、朝鮮半島の有事を考えるとき、これら三カ国の中での米国の軍事力の行使の仕方が極めて重要であるのが明らかだからである。この地域（theater）を眺める米国の視点の理解なくして、自分たちの立ち振る舞いのあり方を描くことはできないと考えるからである。

この本は、第Ⅰ部と第Ⅱ部に分かれる。第Ⅰ部（第一章から第三章）が歴史的背景に基づく分析であるのに対し、第Ⅱ部（第四章から終章）が米韓関係を軸に米軍再編による韓国における米軍再配置の政治過程に着目する分析となる。第Ⅰ部は我部が、第Ⅱ部は豊田がそれぞれ担当した。

第一部となる第一章にて朝鮮半島と米軍との関わりを叙述する。日本の敗北に伴い日本（三八度線以南の朝鮮、沖縄、小笠原などを含む）占領を主要任務とした米極東軍とその上部に立つトルーマン政権が、朝鮮半島において米国の利益として何を見出していたのかを問う。

第二章では、アイゼンハワー政権の進める朝鮮戦争後の米軍再編に対する李承晩政権との確執を軸に叙述する。そして、一九五〇年代後半に実現する米軍再編の最終版と日本にある米軍の再配置との関わりを事前協議制を背景に分析する。

第三章では、日米安全保障条約の改定に際して合意された朝鮮議事録を軸に、その有効性を二つの危機（一九六八年一月のプエブロ号事件、一九六九年四月の電子偵察機ＥＣ－121撃墜事件）を取り上げて検証する。前者では、沖縄や日本の空軍基地からの韓国増派が行われたものの、外交交渉によって年末に、拿捕された米兵が返された。後者では、米軍の緊急配備を行ったものの政治的判断の下で軍事行動は抑制され、撃墜への報復は何も行われなかった。

第二部となる第四章では、ベトナム戦争後に向けたニクソン政権による米軍再編（一九六九年七月のグアム・ドクトリン）に基づき、韓国に配備された米軍の削減をめぐる米韓関係を「不介入」を軸に分析する。その後、ベトナム戦争が終わった後に登場したカーター政権の掲げた韓国からの撤退方針を軸に米軍の再配置を検討する。さらに、冷戦後に進められた米軍「変革」を軸に、朝鮮半島における韓国軍の役割拡大によって米軍の任務や役割に柔軟性を与える経緯を分析する。

第五章では、作戦統制権（operational control）をめぐる米韓の相互作用を検討する。韓国軍の作戦統制権は、朝鮮戦争勃発後に韓国大統領の李承晩から国連軍司令官のマッカーサーへ委譲された。平時と戦時とを分けて、平時の作戦統制権は韓国に一九九四年四月に戻されるまで国連軍司令官を兼ねてきた在韓米軍司令官が握ったままだった。いわば、冷戦後の米国の世界戦略の展開にて柔軟に対応したいブッシュ（父）政権の主導でなされた。戦時の作戦統制権の取り扱いは、その後の歴代の韓国大統領の外交政策の争点となってきた。その委譲については、まだ米韓の合意には至っていない。

終章では、日米韓の間の三つの二国間（日韓、日米、韓米）関係をどのように捉えることができるのかを検討する。韓米や日米の間の安全保障協力が強化、深化する一方で、二〇一二年以降、日韓関係が翳りをみせ、両国の非協力や対立を展開してきた。そこから脱するための課題を展望する。

著者を代表して

我部政明

第Ⅰ部
韓国軍の成立から米韓日関係へ
一九四五年〜一九七一年

大韓民国独立式典にて同席する連合軍最高司令官マッカーサーと韓国大統領の李承晩（1948年8月15日　韓国・京城　写真提供：朝日新聞社）

第一章　朝鮮半島と米軍

第二次世界大戦の終わる一九四五年夏、米国は一二〇〇万の兵力を有していた。内訳は、陸軍航空隊を含む陸軍が八三〇万、海軍が三三八万、海兵隊が四八万であった。陸軍は、ヨーロッパ戦線に三〇〇万、太平洋戦線に一五〇万、地中海に七四万、アフリカ、中東、ペルシャ湾、インド・ビルマ、アラスカ、カリブ海などにも派遣していた(1)。米国は、対独、対日勝利後の動員解除によって、五年後には、終結時の約十分の一までに兵力を縮小していた。

朝鮮戦争が始まった直後の一九五〇年六月三〇日時点で、米軍は一四五万となっていた。内訳は、陸軍五九万、海軍（海兵隊を含む）四五万、空軍（前身は陸軍航空隊）四一万であった。戦闘兵力でいうと、陸軍は一〇個師団、一二個連隊、四八個対空大隊であった。海軍は艦船数二三八隻、その内、大型航空母艦七隻、軽航空母艦四隻、護衛空母四隻、戦艦一隻、巡洋艦一三隻、駆逐艦一三六隻、潜水艦七三隻であった。海兵隊は、二個師団であった。陸軍航空隊から新たに軍となった空軍は、四八個航空団、その内、二一個戦略航空団、一二個防空航空団、九個戦術航空団、六個輸送航空

団であった。(2)

陸軍のうち、独立して戦闘を行える師団（一万から一万五〇〇〇の兵力で構成）規模の配置を地域別にみると、極東地域に四個師団、ヨーロッパに一個師団、一個連隊戦闘チーム（Regimental Combat Team: RCT）、三個空挺連隊、一個歩兵連隊、アラスカに一個歩兵旅団、カリブ海に二個連隊であった。そして、米本土には、五個師団が配置され、緊急時に投入される予備兵力（一般予備 the General Reserve）として位置づけられた。全体では、一〇個の師団となっていた。予備兵力は、米本土に第二機甲師団、第二歩兵師団、第三歩兵師団、第八二空挺師団、第一一空挺師団（一個連隊を欠く）、第三機甲騎兵連隊、第一四連隊戦闘チーム、そしてハワイに第五連隊戦闘チームが配置されていた。

ちなみに兵力数の地域別では、五九万一〇〇〇名の陸軍全兵力の内、米本土に三六万名、残り二三万一〇〇〇名は海外に配置され、その多くが占領任務についていた。海外での最大規模が極東地域であり、一〇万八〇〇〇名、ついでヨーロッパのドイツに八万名、オーストリアに九五〇〇名、トリエステに四八〇〇名であった。太平洋諸島に七〇〇〇名、アラスカに七五〇〇名、カリブ海に一万二二〇〇名、そしてその他海外に数千名が展開していた。(3)

極東における四個師団（さらに七個防空大隊が日本本土、歩兵連隊一個と二個防空大隊が沖縄に）は、日本占領の任務につくダグラス・マッカーサー（Douglas MacArthur）元帥の指揮下の極東軍（Far East Command: FECOM）におかれた。第一騎兵師団（実際には歩兵）が本州中央部、第七歩兵師団が本州北部と北海道、第二四歩兵師団が九州、第二五歩兵師団が本州中央南部に配置されていた。沖縄には陸軍戦闘部隊として第二九歩兵連隊と第九防空砲兵グループが配置された(4)。つまり、日本には陸軍の戦闘兵力の四割が配置されていたことになる。そして、米本土とハワイに、全体の半分が予備として配置されていた。ドイツには、全体の一割だった。

1　米軍占領下の朝鮮

マッカーサーは、日本占領を任務とする連合国最高司令官（Supreme Commander for Allied Powers, SCAP）であると同時に、米太平洋陸軍司令官（Commander in Chief, US Army Forces, Pacific）であった。日本占領に加えて、日本の降伏後の朝鮮の南半分の占領をも任務とされた。日本がポツダム宣言を受け入れた後の一九四五年八月二五日、マッカーサーは厚木飛行場に降り立った。それから、一九五二年四月二七日まで日本占領は続く。

朝鮮半島に米軍の先遣隊が入ったのは、一九四五年九月四日であった。金浦《キンポ》飛行場に降り立った四日後に、本隊が仁川《インチヨン》に上陸して、ソウルへ入った。市内にはソ連軍兵士はいなかったが、三八度線付近の村には小規模なソ連兵士の集団が目撃されていた(5)。

第二次世界大戦後の朝鮮の地位については、一九四三年一一月、米国のフランクリン・ローズベルト（Franklin D. Roosevelt）大統領、イギリスのウィンストン・チャーチル（Winston S. Churchill）首相、中華民国の蔣介石総統が、対日戦争の方針を確認したカイロ宣言にて、言及されていた。日本の侵略を阻止する三カ国は、「自国のためには利得を求めず、また領土拡張の念を持たず」に、日本が武力で獲得した地域を返還・解放することが目的だと明らかにした。具体的には、一九一四年の第一次世界大戦後に獲得した太平洋諸島、中国から奪った満州、台湾及び澎湖諸島、そして「暴力及び強欲により」手に入れた他の地域などであった。さらに、朝鮮については「人民の奴隷状態に留意して将来において自由独立の実現を図るとした。

このカイロ宣言に織り込まれた地域の返還・解放は、ナチス・ドイツが敗北した後にベルリン郊外のポツダムに集まった米英中の三首脳により確認され、一九四五年七月二六日、日本に降伏を求めたポツダム宣言に含まれた。この宣言により、「カイロ宣言の条項は履行されるべく」そして日本の主権は、本州、北海道、九州、四国に加えて「吾らの決定する諸小島」に限定される、とされた。その時点で対日戦争に参加していなかったソ連のジョセフ・スターリン（Josef V. Stalin）首相がポツダム会談に加わり、急死したローズベルトに代わり副大統領から大統領となったハリー・トルーマン（Harry S. Truman）との間で、朝鮮について協議を行っていた。対日戦に参加するソ連との間で、米ソの軍隊間での境界確定が必要となっていたからであった。

しかし、概要は、ソ連のスターリン首相が米英の首脳に加わった一九四五年二月のヤルタ会談において、ローズベルトとの間で確認されていた。ローズベルトは、朝鮮の米国、ソ連、中国による信託統治を唱え、その期間を米国のフィリピン占領の経験から二〇年から三〇年にわたると推測していた。それに対し、スターリンは、これら三カ国にイギリスを加えて、四カ国による信託統治を提案した。これらの記録は作成されなかったが、チャーチルはソ連に対日参戦を促しつつ朝鮮の信託統治を支持した(6)。六月に入って中華民国の賛同を得たが、イギリスからはなんらの関与も示されなかった(7)。

ポツダムでは、ソ連参戦後の戦域管轄の調整が米ソ間で行われた。日本と満洲における航空と海上での作戦区域についてはは合意されたが、朝鮮半島における陸上での区域は議論されなかった。その後の八月六日に米軍が広島に原子爆弾を投下、八月八日にソ連が日本に宣戦布告を行い、八月九日に米軍が長崎に原子爆弾を投下した。翌一〇日には、日本政府が降伏の意思を表明した。日本軍の地域ごとに降伏を準備することになった米陸軍省の参謀本部作戦部（Operations Division, General Staff, War Department）では、米軍が展開していない朝鮮半島へソ連軍が進撃中であることを踏まえ、北緯三八度線以北の日本軍降伏をソ連の管轄とする案が浮上した。その三八度線での分割案は、指揮命令で上位にある米統合参謀本部（Joint Chief of Staff: JCS）で検討された。一時は遼東半島の大連を含むように三九度線に修正する案が出されたが、協議を受けた国務省の反対の結果、先の三八度線案に戻った。具体的には、連合国最高司令官としてマッカーサーに対し日本の降伏調印を行うこと、また米太平洋陸軍司令官としてのマッカーサーに対して朝鮮の南半分での日本の降伏調印を行う指令を出すことになった。その際にイギリスからの同意を取り付けやすくするために、米統合参謀本部ではイギリスから提案されていた東南アジアの占領地についてイギリス軍のルイス・マウントバッテン（Louis Mountbatten）提督を連合国最高司令官（Supreme Allied Commander for South East Asia）とする案を承認した。これらの指令案は、八月一四日にトルーマン政権の外交軍事を検討する国務・陸軍・海軍調整会議（State-War-Navy Coordinating Committee: SWNCC）にて承認され、翌一五日にトルーマンへ送られた。直ちに承認された三八度線での分割案は、イギリス、ソ連、中華民国に提示され、同意を得た。なぜ三八度線となったのかについて、米統合参謀本部は「ソウルへの港湾と通信、朝鮮の一定の広さを米軍が得ることで、四カ国統治を行う場合にその一部を中華民国やイギリスに分配できる」ことを理由にしていた。(8) つまり、四カ国統治の機関が設置されるソウルを米軍の管轄下に置くことが緊要だとされたのであった。

在朝鮮米陸軍（U. S. Army Forces in Korea）の設置

マッカーサーが韓国へ派遣したのは、ジョン・ホッジ（John R. Hodge）中将率いる米陸軍第二四軍団（三個師団の戦闘兵力六万二七二四と支援部隊兵力二万九〇七六）であった。(9) 沖縄戦で勝利を獲得した同軍団の主力である第七歩兵師団を中心に、第六歩兵師団と第四〇師団から構成された。沖縄戦終了後の日本本土侵攻と韓国侵攻の「ブラックリスト（Blacklist）」作戦が、マッカーサーの指揮のもとで準備されていた。その全体計画のなかで第二四軍は朝鮮侵攻の任務が与えられていた。日本の降伏後は、三八度線以南の朝鮮の占領が任務とされた。(10)

ホッジは、八月二七日に在朝鮮米陸軍司令官（Commanding General, US Army Forces in Korea: USAFIK）に任命され、降伏調印を執り行い、朝鮮の南半分の占領を任務とされた。しかし、占領について当初、マッカーサーから具体的指示は与えられなかった。マッカーサーは、九月八日、カイロ宣言の文言を引用して「奴隷状態に留意し」将来の自由独立を実現するための軍政を、三八度線以南に敷くとの布令（proclamation）を発出した。ホッジは、九月一二日に軍政府長官に第七歩兵師団の師団長であったアーチボルド・アーノルド（Archibald V. Arnold）少将を任命した。軍政府長官の政治顧問にメレル・ベニングホフ（H. Merrell Benninghoff）を任命した。

軍政府の占領は困難に直面していた。日本植民地から脱した朝鮮は、みるべき産業や商業も未発達なまま、電気、水道などの公共サービスもほとんどなかった。加えて、南北に分割され、二つの軍政下におかれ、とりわけ三八度線以南の米軍政は、具体的な占領方針が与えられなかった。米軍政は治安を回復し、公共サービスを再建し、経済の再興を目指した。だが、戦闘訓練を積み上げてきた米軍に占領統治に関われる人材は欠乏していた。米兵の多くに語学の訓練がなかったため、朝鮮人の通訳を頼って、占領業務がすすめられた。通訳を介する米軍政への朝鮮の人々からの信頼はなかった。(11)さらに、李承晩《イスンマン》や金性洙《キムソンス》のような旧体制エリートらが登場して、朝鮮独立をめぐる国内政治が活発化す

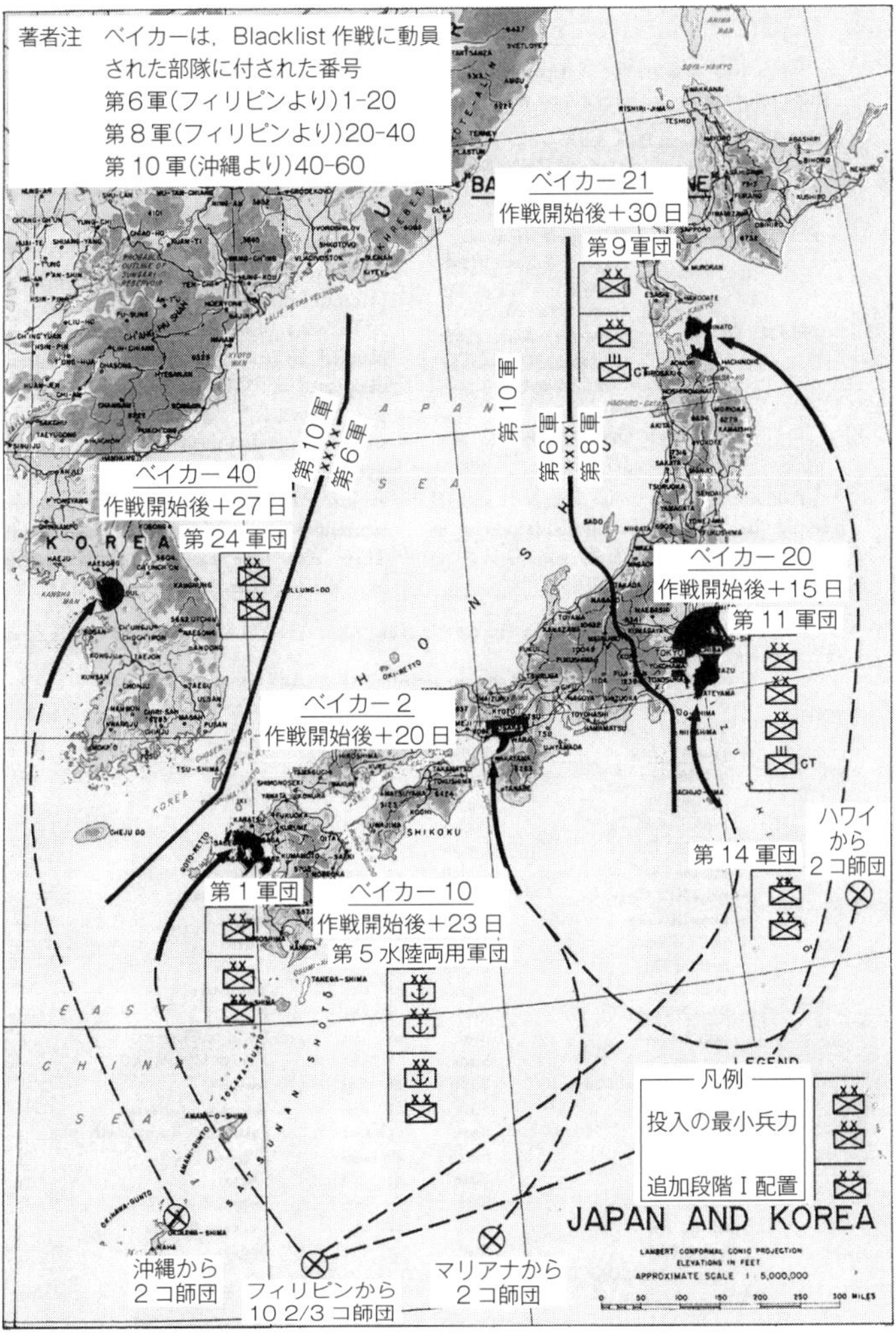

図１　米軍の日本・朝鮮侵攻作戦（Reports of General MacArthur, MacArthur in Japan: The Occupation: Military Phase, Vol. I, Supplement（First Printed 1966-CMH Pub 13-4, Facsimile Reprint, 1994), p 5 より）

ると同時に米軍政への不満が高まっていった。[12] 占領業務に長けた要員が、一〇月末以降、米軍政府に配置されるようになったものの、治安、経済、政治などの領域で、米軍政は成果をあげることができないでいた。

在朝鮮米陸軍は、マッカーサーを経由して、ワシントンの陸軍省の指揮命令を受けていた。ワシントンでは、米統合参謀本部が陸軍省との間での協議に参加していた。マッカーサーは、戦後の米軍再編計画の一つであった統合軍計画（Unified Command Plan: UCP）により設置された極東軍の司令官（Commander in Chief）となった。

極東軍（Far East Command）の設置

統合軍計画は、第二次世界大戦での戦争遂行において陸軍と海軍の作戦上の調整が求められた割にうまく運ばなかった反省から、二つの軍の統合運用を可能とする編成が進められた。一九四六年一二月に同計画が大統領に承認され、翌四七年一月から三月にかけて七つの統合軍が設置された。極東軍は、日本、朝鮮、琉球諸島、フィリピン、マリアナ諸島などに配置された陸・海軍を指揮命令下におき、これらの地域の占領を担い、安全を確保し、緊急時の作戦計画を作成し、太平洋軍（Pacific Command: PACOM）を支援し、緊急時の中国での米軍を指揮することとされた。太平洋軍は、太平洋から米国への侵略を阻止するための作戦を担い、安全を維持する任務が与えられた。アラスカ軍

（Alaskan Command）は北極から米国への侵略を阻止する任務が与えられた。また、米本土の東海岸では、北に北東軍（Northeast Command）、中央部に大西洋艦隊（Atlantic Fleet）、南にカリブ軍（Caribbean Command）などがそれぞれ設置された。そして、ヨーロッパには、欧州軍（European Command）が置かれた。上部に位置する米統合参謀本部は、各軍への戦略指令（strategic direction）を与え、兵力の配置を決める一方で、作戦統制権（operational control）は指定された各軍の参謀本部に与えられた。例えば、極東軍は、米陸軍参謀総長（Chief of Staff, US Army: CSA）の指揮下におかれ、太平洋軍は、米海軍作戦部長（Chief of Naval Operation: CNO, 参謀総長に相当）の指揮下におかれた[13]。

米陸軍の参謀総長が米統合参謀本部の一員を構成するため、朝鮮に対する米国の政策に米統合参謀本部が関わることになった。その中においては、米統合参謀本部は大統領への軍事的助言を行う責務を負うこととなっているため、大統領が朝鮮半島問題への関心をもち関与しやすくなる。しかし、占領に関わる軍事的領域の事柄は、マッカーサーと陸軍参謀本部との間のやりとりで進められた点で、朝鮮占領に関して米統合参謀本部の関与が小さいばかりか、大統領のトルーマンの関わりが少なくなることとなった。

極東軍の司令官となったマッカーサーは、すでに任命されていた連合国最高司令官に加えて、極東軍指揮下の陸軍部隊を束ねる米極東陸軍司令官（Commanding General, US Army Forces, Far East: USAFFE）を兼ねた。この米極東陸軍は、マッカーサーが指揮した米太平洋陸軍が、極東軍の設置に伴って、名称変更となったに過ぎなかった。また、極東軍設置に伴い、マッカーサーの指揮下に、海軍の艦船や陸軍航空隊の航空団が加えられた。

引き続いてマッカーサーの極東軍指揮下にあったホッジの在朝鮮米陸軍は、三八度線以南の朝鮮における米軍政を主要な任務とすると同時に、朝鮮人で構成される軍隊の設置に着手した。ホッジは、一九四五年一一月、米軍装備による陸、海、空、沿岸警備を担う正規軍の創設計画を立てた。だが、マッカーサーを通じて、同計画のワシントンでの承認を求めたが、統一朝鮮に関してソ連との調整を必要とすることとの理由により却下された。ただ、軍隊ではなく、米軍の余剰武器を装備する国家民警察（National Civil Police）の創設に限り、承認された。早速、ホッジは、治安の悪化を沈静化するために民警察（Civil Police）の予備となる組織の創設へと乗り出した。それが、後に韓国陸軍となる警察隊（Constabulary）の名称で知られるようになる(14)。

三八度線以北の朝鮮では、ソ連軍指導のもとで朝鮮型ソビエトの建設が当初から進められていた。朝鮮に進撃してきたソ連軍は、満洲にいた亡命朝鮮人を共産主義化して朝鮮に送り込んでいた。その朝鮮人たちが中心となって北での国家建設が進められることになる。その指導者が金日成であった。ソ連軍は朝鮮に入るとすぐに、日本軍が残した武器を装備する軍隊の育成に着手していた。米軍の報告によれば、一九四七年九月の段階で北では、人民軍（People's Army）が一二万五〇〇〇名規模に達していたという。それに比べ南では、警察隊は一万六〇〇〇名でしかなかった(15)。

2　大韓民国と朝鮮民主主義人民共和国の成立

日本の敗戦後二年が経過しても、朝鮮の地位が米ソの間で未決の状態であった。トルーマン政権の国務・陸軍・海軍調整会議は、一九四七年八月、朝鮮全体の共産主義化を回避しつつ朝鮮からの撤退方法の検討に入るときがきたと判断した。[16] そこでは、米国、ソ連、イギリス、中華民国の四カ国会議を通じて、国連監視下での朝鮮の暫定政府設置の合意を見出すべきとの勧告がなされた。もしソ連がこの案を拒否する場合は、米国は国連総会でこの朝鮮問題を持ち出すこととされた。だが、この案をイギリスに加えソ連が支持をしてくれたので、朝鮮の地位をめぐる議論の場が国連にうつることになった。

トルーマン政権内では、米国にとっての朝鮮の戦略的価値についての検討が開始された。初代の国防長官となったジェームズ・フォレスタル（James V. Forrestal）は、一九四七年九月、米統合参謀本部での検討結果であった、朝鮮において現時点での米軍規模と基地を維持するに足る戦略的利益は乏しいとする見解を支持することを、国務長官のジョージ・マーシャル（George C. Marshall）に送った。[17]

その根拠は、極東における緊急時に朝鮮に展開する米軍が軍事的責任を負う一方で、侵略がなされる以前の段階で軍事力の実質的増強がなされない限り、朝鮮において米軍は維持できない、との点だった。加えて、ユーラシア大陸アジアで米国が戦うとなれば、ほとんどの場合、朝鮮半島を迂回して攻勢をかけることになるからだと、指摘していた。その結論から、動員解除により米軍の規模縮小を進めている段階において、四万五〇〇〇名の兵力を朝鮮に配置するより他に使うべきだ、しかも朝鮮からの撤退は極東軍の軍事態勢に支障をもたらさないとされた。そのときの条件は、ソ連が日本侵攻のために朝鮮の南側に基地を設置しないことであった。米軍の朝鮮半島からの撤退を勧める議論として、朝鮮独立への道筋が見通せない中では暴力に包まれ混乱が続くだろうが、それに米軍は対応できないとも評価されていた。そして、混乱の中で米軍の撤退を余儀なくされることは、米国の威信に深刻な打撃をあたえる、とされた。

九月二六日付で届いた米軍の撤退案についての国防省の見解を受けて、九月二九日、国務省は長官のマーシャルを交えて検討し、それを支持することにした。そして、悪影響を最小に抑えつつ、可能な限り早期に米軍を撤退させる取り決めに合意する努力を払うべきだとの勧告に至った。それ以降、米国にとって朝鮮半島は戦略価値が乏しい、とする評価が、米国の朝鮮への関与を複雑にする最大の要因であり続けることになる。米軍撤退を目指しても、それを実現する方法が実行できないために、米軍の維持が正当化されるという論理の循環となる。

韓国からの米軍撤退

国連総会では米国は、朝鮮での国会創設のために議員選挙を行う提案を行っていた。そのために設置される国連委員会が、選挙実施と政府設立の監視を行い、南北それぞれに配置されている米軍とソ連軍の撤退にむけた調整を進めるという内容であった。ソ連の反対があったものの、一九四八年三月末までに南北一斉の選挙を行うとの修正を加えられた米国提案が、一九四七年一一月一四日に国連総会で決議された。

トルーマン政権は戦後の朝鮮の政治日程が示されたことにより、選挙の実施と政府の樹立の後に米軍撤退の具体検討に入った(18)。国務・陸軍・海軍・空軍調整会議（State-Army-Navy-Air Force Coordinating Committee: SANACC）の極東小委員会にて、たとえソ連が北での選挙実施を拒否しても、一九四八年三月末までに南での選挙を実施し、八月一五日までに政府を樹立した上で、米軍撤退を開始し、一九四八年一一月一五日までに完了する日程案が決まった（SANACC 176/33）。米統合参謀本部は、朝鮮に戦略的価値がないとする見解を支持するものの、南朝鮮の警察隊は、米軍撤退後にソ連の支配を阻止できるだけの能力に達しないため、南への軍事援助を行うべきだと指摘していた。

新たに創設された国家安全保障会議（National Security Council: NSC）の事務局（Executive Secretary）と大統領のトルーマンは、朝鮮に関する米国の立場を明確にした方針策定に初めて着手した。極東小委員会は、上位の国務・陸軍・海軍・空軍調整会議へ方針原案（SANACC 176/39）を提示し、一九四八年三月二五日に承認された。内容は、まず、悪影響を最小限に抑えつつ朝鮮からの米軍撤退を実現する手段としての実際的かつ可能な範囲内で支援を行う、そして一九四八年一二月三一日までに撤退完了を迎えることのできる状態を作り出すためのあらゆる努力を傾ける、そのために明白な侵略でなくとも対抗して南を守る警察隊の拡充、装備、訓練を行う、であった。そこで、経済援助、軍事援助を行うとともに、軍事顧問団の設置を勧告していた。これは、米統合参謀本部の承認を得て、国家安全保障会議へ送られ、大統領に承認された（NSC 8）。

ワシントンでの朝鮮についての方針を検討する間に在朝鮮米陸軍では、マッカーサーの承認を得て、米軍装備の五万規模の警察隊への強化計画を準備していた。米統合参謀本部は、すでにワシントンでの決定を受けて一九四八年三月一八日、この強化計画に承認を与えた。そして、米軍の撤退が、一九四八年八月一五日から開始されることになった。

三八度線以南の朝鮮では、一九四八年五月一〇日に国連監視のもとで選挙が行われ、召集された国会にて憲法が制定され、大統領に李承晩が選ばれた。大韓民国（以下、韓国）が、八月一五日に生まれた。呼応して、ソ連の影響下での北では、一九四七年から新たな国家が準備されていた。人民会議が召集されて、一九四八年二月に人民軍を設立し、九月にソビエトをモデルにした人民共和国の憲法を承認した。そのもとで、九月九日に朝鮮民主主義人民共和国（以下、北朝鮮）の誕生を宣言した。

相次ぐ延期と韓国軍の増強

予定では米軍の撤退完了は一九四八年末とされていたが、新生の韓国の政府組織が落ち着くまでの時間的猶予から、翌一九四九年一月一五日へと延期された。加えて、北朝鮮に比べた、韓国の国防力の脆弱さが指摘されてきた。そのために、韓国軍の増強は米国にとって米軍撤退を実現するためにも必須となっていた。その場合でも、朝鮮に戦略的価値を見出せないという評価に変わりはなかった。

朝鮮半島に二つの国家が出現した後、トルーマン政権は、米軍撤退完了のさらなる延期を検討せざるを得ないいくつかの事態を迎えていた。まず最初の事態は、国連総会で起きた。一九四八年一二月一二日、総会の場で、韓国が正統性のある政府であると承認された。ソ連が、一二月二五日にソ連軍の北朝鮮からの撤退完了を表明し、米国に対しても同様な措置を求めた。米国は、韓国の統合と独立という広い問題のなかで考慮されるべきとし、適切な時期に国連総会に撤退について報告すると発言した。つぎは、韓国内での治安の悪化と警察隊の一部による内乱であった。とりわけ、内乱は新政府には衝撃であった。最後は、中国内戦で中国共産党が国民党勢力を旧満州に位置する中国北部で圧倒し、南部への進撃を開始したことだった。韓国政府は、北朝鮮、ソ連に加えて中国の三つの共産国家に囲まれかねない事態を迎えることに恐怖を感じていた。

トルーマン政権は、こうした事態のなかで米軍撤退時期の再検討に入った。国務省は一九四八年一一月九日、陸軍省に対し予定している翌一九四九年一月一五日の韓国からの米軍撤退完了を、国連総会で朝鮮問題が取り上げられるまでの間に実施するのは賢明ではないとして、再考を求めていた。陸軍省は一一月一五日、マッカーサーに対し、第七歩兵師団の七五〇〇名規模に強化した一個連隊戦闘チームを、韓国に無期限保持するように指示した。その残りの米軍は計画通りに撤退するように指示した。

この指示は、韓国の初代大統領の李承晩へ伝えられなかった。李承晩は、それまで米軍の韓国残留を求めていた。同時に、韓国の警察隊を正規軍に格上げし、国防省を設置した。李承晩は韓国軍の増強に乗り出した。韓国軍の規模について、米軍が当初目標としていた五万から、李承晩は一九四九年初めには六万五〇〇〇名への増強目標を立てた。呼応するように、在朝鮮米陸軍下の暫定軍事顧問団(Provisional Military Advisory Group: PMAG)も、一〇〇名から一九四八年末には二〇〇名へと増員され、米国の韓国軍支援が本格化していった。

こうした動きのなかで、陸軍省は韓国の軍事力についての評価を極東軍司令官のマッカーサーに尋ねた。マッカーサーは、一九四九年一月一九日、長期的な展開でみると韓国の先行きは暗いと指摘し、内乱を誘発しつつ北朝鮮からの全面攻撃に対抗できる韓国軍を育成するだけの能力は米軍にないと表明していた。結局、短期的な軍事的・政治的考慮に基づいて、米軍撤退の時期を決めるべきだとし、一九四九年五月あたりを示唆した。マッカーサーは、これ以降も米軍占領を継続する軍事的理由がないとした。韓国軍が国内の治安を維持できる能力に、このときまでには強化されていると判断し、さらなる訓練支援は必要があれば、その任務を与えられた者に実施されればよい、と考えていた。

韓国の李承晩は、マッカーサーの評価とは反対に、韓国防衛の軍事力強化によって、北朝鮮からの侵攻を防ぐだけでなく、南北統一を実現する目標をもっていた。李承晩は、韓国人による陸軍一〇万名で六個師団、空軍六〇〇〇名で三五〇機、海軍一万名で艦艇六七隻への増強計画を立てていた。そして、一九四九年初頭には、ソウルの米国大使館を通じて計画実現のための米国の援助を求めた。

これに対するワシントンは、「野心的すぎる」計画だと反応した。国家安全保障会議は一九四九年三月一六日、先に決定したNSC８に幾分の修正を加えた草案（NSC 8/1）を作成した。これまで含まれていた政治的支援の他に、経済、技術、軍事の援助を行うことを確認して、五万としていた兵力目標を六万五〇〇〇名へ引き上げ、そのための軍事援助を決定する内容であった。すでに設置した暫定軍事顧問団の「暫定」を削除して、恒久的な組織としての軍事顧問団へ衣替えした。実際に、一九五〇会計年度にて韓国への軍事援助が盛り込まれた(19)。

この草案において、米国の軍事援助は、韓国を侵略する北朝鮮に対抗できるだけの軍事能力を育てるに十分でないとの認識が記されていた。そして、韓国軍の能力についての極東軍の評価が引用されていた。先にみたマッカーサーの指摘と同様に、米軍の撤退がいつになったとしても、また撤退を遅らせてもかわりなく、北朝鮮の侵略の危険性は存在する、との付帯意見であった。それゆえに、国連や韓国政府との協議のうえで一九四九年六月三〇日までに全面的な撤退を行うよう勧告していた。この草案は、「海軍への支援」が削除されて、三月二二日に国家安全保障会議で承認され、翌二三日に大統領のトルーマンの承認を得た（NSC 8/2）。

韓国からの米軍の撤退期限の六月三〇日（当時の米国の一九四九会計年度の最終日、七月一日から一九五〇会計年度が始まる）が近づくにつれ、陸軍参謀総長のオマール・ブラッドレー（Omar N. Bradley）元帥は、米軍の撤退後に北朝鮮からの侵攻があるときに備えて、なんらかの手立ての検討を陸軍内部で進めるよう指示していた。それによれば、欧州におけるトルーマン・ドクトリンを韓国に適用して、北朝鮮に対抗できるまでの軍事援助を行う、あるいは米軍の一方的介入を行うかのいずれかだとした。しかし、結論はこれらの選択肢ではなく、国連の制裁の一環として新たに編成する警察行動の国際軍に米軍が参加することを勧告していた。ただ、国連安保理での審議でソ連の拒否権が行使されるかもしれないが、ソ連の棄権も予想される、としていた。米統合参謀本部は、この勧告を政治的論調であると判断して、国家安全保障会議への送付を見送った。ブラッドレーの要求に応えて、米統合参謀本部は、米国の軍事的介入の表明は韓国の乏しい戦略価値から相応しくないとしながらも、国連憲章四三条のもとでの国連制裁としての措置のみが実際的である、とした。在朝鮮米陸軍は、一九四八年六月二九日までに米軍撤退を完了して、廃止された。撤退に伴って、米軍は五万の兵力用に必要な装備の小火器、弾薬、小型砲、迫撃砲、車両などを残した。さらに、一万五〇〇〇名の兵力用に装備が日本の米軍基地から韓国へ送られた[20]。これらは、米国が想定する韓国軍六万五〇〇〇名の装備を提供する措置であった。その後、米国は韓国軍の兵力を八万四〇〇〇名と想定した軍事援助を一九五〇会計年度で行うが、李承晩政権は一〇万名への兵力増強を進め、一九四九年八月には当初の六個師団から八個師団まで拡張していた[21]。

一九四九年七月一日、在韓国米軍事顧問団（U. S. Military Advisor Group to the Republic Korea: KMAG）が、暫定的に設置されていた米軍事顧問団を引き継ぎ、発足した。

3　朝鮮戦争の始まり

北朝鮮軍が、一九五〇年六月二五日早朝、三八度線を越えて韓国への侵攻を開始した。朝鮮戦争の始まりである。米軍撤退後、二年間、朝鮮半島において二つの国家が軍事的緊張のなかで並存していた。この六月時点で、北朝鮮の総兵力は一三万五〇〇〇名であった。七個歩兵師団（一個師団一万一〇〇〇名で構成）、一個歩兵連隊、一個戦車旅団などに加えて新規に編成された三個師団、そして一万八六〇〇名の国境警備隊からなっていた。北朝鮮は、ソ連製の一二二ミリ榴弾砲や第二次世界大戦時のT－34戦車一五〇両、一三〇機の航空機などを装備し、火力では韓国軍を上回っていた。それに対し、韓国軍は六個師団の六万五〇〇〇名の戦闘部隊に加え、司令部と支援部隊の三万三〇〇〇名であった。韓国軍の一個師団の規模では一万名に達しておらず、北朝鮮軍にくらべて不利となっていた。先にみたように、米国の軍事援助の目的は、韓国軍に国内の治安維持の能力をもたせることにしていた。そのため、北朝鮮の全面的侵攻において韓国軍は不利な態勢であった[22]。

そうした危機に対応できる軍事的な選択肢は、朝鮮半島周辺に配置された米軍の投入であった。実際には、日本本土と沖縄にいた米軍であった。地上戦闘部隊として、日本本土に第八軍指揮下の第七歩兵師団、第二四歩兵師団、第二五歩兵師団、そして第一騎兵師団の四つの地上戦闘の兵力があった[23]。沖縄には、琉球軍団（Ryukyu Command: RYCOM）指揮下の唯一の地上戦闘部隊であった第二九連隊があった。空軍では、マッカーサーの率いる極東軍指揮下の米極東空軍が、第五空軍（日本）、第一三空軍（フィリピン）、第二〇空軍（沖縄）などであった。全部で約三五〇機となる一八個の戦闘機ないし戦闘爆撃機グループ、他に軽爆撃機（B－26）、重爆撃機（B－29）のそれぞれ一個航空団が極東軍の指揮下にあった。海軍では、日本には軽巡洋艦一隻、駆逐艦四隻、掃海艇や支援艦などが配備されて、フィリピンには航空母艦一隻、重巡洋艦一隻、駆逐艦四隻などの第七艦隊が、極東軍の指揮下にあった。そして、ハワイには米太平洋軍があり、その指揮下に多くの艦船が配備されていた。

本章の冒頭に記したように、一九五〇年時点の米軍の兵力は、第二次世界大戦よりも一〇分の一ほどに削減されてきており、さらなる削減努力が続けられていた。たとえば、米地上部隊一〇個師団のうち四つの師団が配備されている第八軍では、戦闘部隊の兵力は三分の二まで削減されていた。通常だと三個大隊で構成される連隊は二つの大隊、三中隊で構成される砲兵大隊は二個中隊での編成であった。

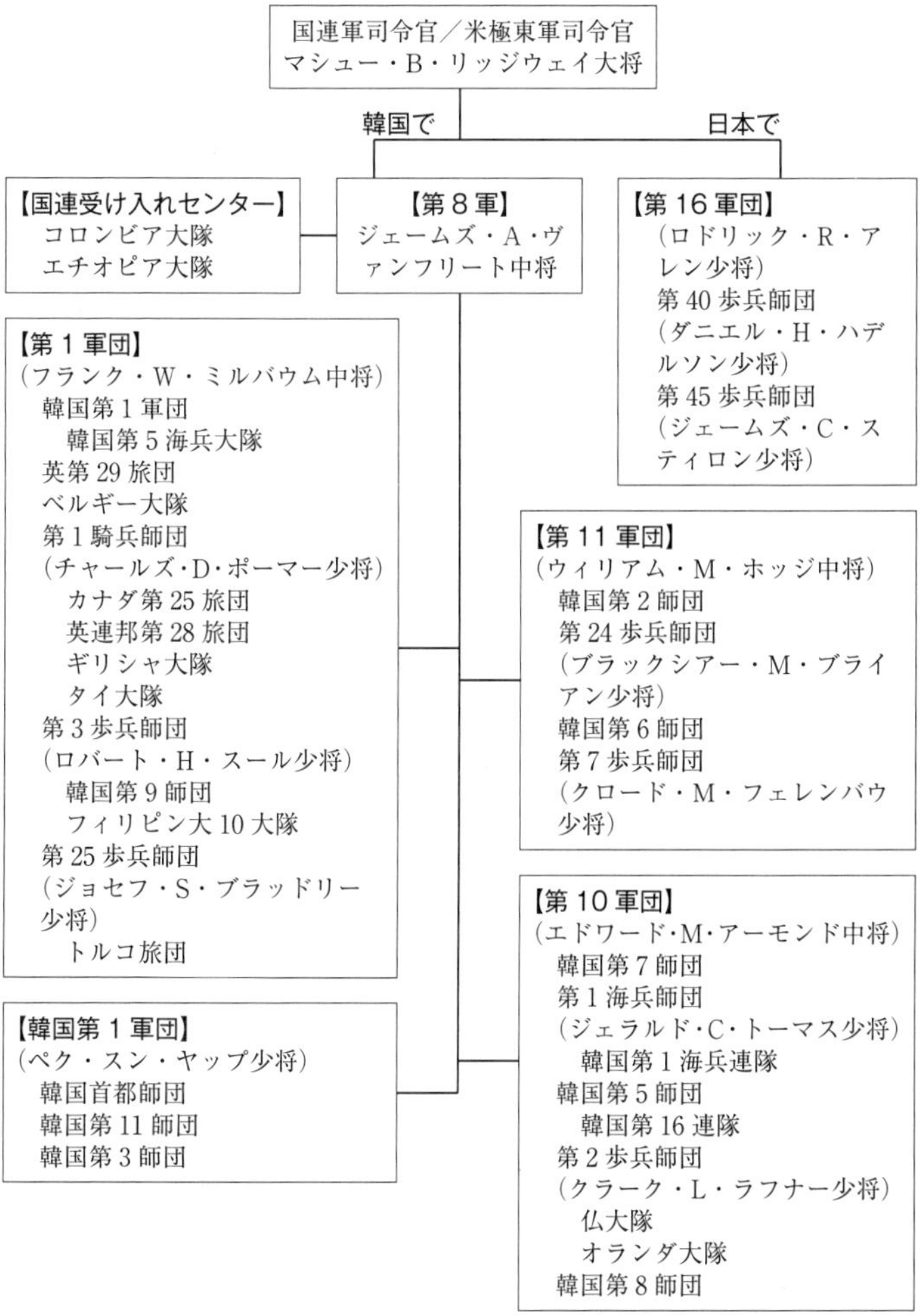

図２　国連軍/米極東軍　1951 年７月１日主要地上兵力（Walter G Hermes, *Truce Tent and Fighting Front,* 1992, p 57 より）

大きな文脈でいうと、想定より早い一九四九年八月のソ連初の核実験により、トルーマン政権は米国の戦略的目的と計画の見直しを迫られていた。加えて、北大西洋条約機構（North Atlantic Treaty Organization: NATO）を創設して欧州の西側諸国への軍事的コミットメントを強めてきたが、欧州では依然としてソ連の脅威への懸念は高まっていた。また、一九四九年一〇月の中華人民共和国の誕生は、共産圏の拡大であり、東南アジアへの浸透を予想させていた。国家安全保障会議で検討された新しい対応は、NSC 68文書にまとめられつつあった。主要な戦場は欧州であり、米軍はソ連とその衛星国による西ヨーロッパへの侵攻のまえで橋頭堡を築き、可能な限り兵力を戻すのが重要な課題とされた。極東地域は二次的な戦場とされていた[24]。

欧州での冷戦が顕在化する直前に、極東を含む東アジア・太平洋における戦略目標の再検討が進められていた。フォレスタルに代わりルイス・ジョンソン（Louis A. Johnson）が国防長官になると、一九四九年六月、それまでの一国単位での対応から、極東を含む東アジアを見据えた政策へ策定への検討が開始した。その結果がNSC 48/2としてまとめられ、一九四九年一二月三〇日、トルーマンの承認を得た。内容は、ソ連との冷戦を掲げた封じ込めドクトリンの極東への適用であった。つまり、米国の目標は極東における非共産国家を強化し、ソ連の影響力を抑え込むことであった。その実現は、援助を通じて経済や政治の発展を促す非軍事的手段により図ることとされた。韓国へも、政治的支援だけでなく経済的や軍事的援助が行われた。だが、共産国の侵略や政権転覆からの非共産国家の防衛と安全に対する米国の寄与すべき対象は、日本、沖縄、フィリピンであった。米国は、韓国を除くユーラシア大陸の縁に位置する島嶼部の防衛を重視した。

その決定を受けて、一九五〇年一月一二日の国務長官のディーン・アチソン（Dean G. Acheson）の声明が出された。アリューシャンから、日本、沖縄、フィリピンへと続く島嶼部の防衛ラインの維持と、台湾での共産化防止が、米国の戦略目標とされ、朝鮮への言及はなかった。ただし、太平洋における侵略に対し、まずその侵略された側が抵抗し、その上で国連憲章に則り全ての文明国家が関与すると述べていた(25)。

トルーマンの戦争

北朝鮮の韓国への侵攻は、六月二五日（日曜日）午前四時、その七個師団と国境警備隊からなる九万の兵力で大砲や戦車を投入して行われた。北朝鮮は、三八度線沿いに配備されていた韓国軍五個師団を急襲した。ワシントンDCでは、米東部時間の二四日（土曜日）午後であった。ソウルから米大使館の報告やUP通信の第一報がワシントンへ、午後八時三〇分までに届いた。米統合参謀本部は情報収集に努めると同時に、極東軍との間の緊急の対策を検討した。その間に、ソウルの米大使館員の家族の脱出が決定された。

米東部時間の六月二五日（日曜日）午前中までに、国務省は、国連安全保障理事会にて韓国侵攻の北朝鮮に対する制裁を求める手続きの検討に入った。米統合参謀本部は、国務省との協議を踏まえて、極東軍に対し、（1）日本にある装備を韓国軍へ送付すること、（2）米軍事顧問団は韓国軍が戦闘可能状態である限り、韓国軍と行動すること、（3）韓国における全ての米軍活動の統制権を極東軍の責任範囲内に含めること、（4）ソウル、金浦飛行場、仁川に保護地域を設定し米人の脱出をさせ、同時に国連による政治的措置が取られるまでの時間稼ぎを行う兵力を投入すること、（5）国連安保理が韓国での直接行動を求める決議を可決したとき、戦局の安定化を図り、可能なら三八度線まで北朝鮮軍を押し戻すべく第七艦隊を含めて指揮下の兵力使用の権限を与えること、などの命令を送った。この命令は、この時点でトルーマンの承認は得ていなかった。しかし、その日の夕刻に開かれた国務長官、国防長官、米統合参謀本部の各軍の代表との会合で、緊急の措置を承認した。トルーマンは、このことが米軍の介入を意味することを理解していた[26]。

当時ニューヨーク州（レイク・サクセス）にあった国連では、六月二五日午後（米東部時間）、緊急の安全保障会議が開かれ、数時間の討議後に敵対行為の即時停止と三八度線以北への北朝鮮軍の撤退を決議した。そのなかで、全ての加盟国に対しこの決議の実行に際してあらゆる支援を与え、同時に北朝鮮への支援を控えるよう求めていた。ソ連代表が欠席のなか、賛成一〇に対し、ユーゴスラビアの棄権一で決議が採択された。しかし、北朝鮮にその履行の姿勢が見えないため、国連安全保障理事会が、六月二七日午後（米東部時間）に再度開催された。ソ連の欠席のなか、米国が提案した、加盟国に対する武力攻撃を撃退し、この地域の国際平和と安全を取り戻すに必要な支援を韓国へ与える旨の決議を採択した。反対一（ユーゴスラビア）、棄権二（エジプト、インド）、賛成七だった。

韓国では、侵攻の翌六月二六日（月曜日）朝（ソウル時間）、米民間人の脱出が行われた。まず仁川の港に停泊中のノルウェー船籍の船に避難者たちを乗船させ、日本に向け午後四時三〇分に出港させた。そこに間に合わなかった者は、金浦飛行場と水川の飛行場から輸送機で運び出した。残った米人たちは釜山《プサン》に集めて、民間船でもって脱出させた。この間、上空で日本の基地から飛び立った米空軍のF－82戦闘機やB－29爆撃機が、脱出を援護した。米軍には犠牲はでなかったが、北朝鮮のYAK－3戦闘機一機が撃墜された。

その頃、ワシントンでは二五日の夜だった。トルーマンを囲んで国務、国防の各長官、米統合参謀本部の各軍代表らが集まって米国の対応策を検討した。韓国軍が劣勢のなかでソウル陥落が近いとの判断のなか、米国はできることはすべてしなければならないとの意見で一致した。だが、韓国への地上軍派遣の場合には米国内での動員計画が不可欠とされたが、トルーマンの「戦争はしたくない」との姿勢から、動員計画は検討課題とされ、決定は先送りされた。それ以外は、国務省や米統合参謀本部の提案はすべてトルーマンに承認された。

六月二九日になると、米統合参謀本部は韓国への米軍増派を検討し始めた。

米統合参謀本部の検討では、極東軍に対し空軍力を使用して韓国軍への全面支援を行う、六月二五日の国連安保理決議に沿っての航空支援に限定、第七艦隊は中国の台湾への侵攻を警戒し、同時に蔣介石の大陸反攻を米軍は支援しない、などを指示する案が含まれていた。特に、米空軍および米海軍に対し地上、海上を問わず三八度線以南での韓国防衛の援護、支援をすることを明確にしていた。さらに検討が続いた。そこでは、北朝鮮の侵攻に対する米国の強い政治的立場を表明すること、それに相応しい空軍力と海軍力を駆使して韓国軍への全面的支援を三八度線以南で行うこと、などが確認された(27)。

問題は、三八度線以北への攻撃であり、地上兵力の投入であった。国防長官のジョンソンの承認と国務省の同意を得て、米統合参謀本部はトルーマンに、釜山の港湾と飛行場を確保するために十分な通信、輸送、戦闘などの米地上兵力を派遣できる権限を極東軍のマッカーサーへ与えるよう、求めることにした。

米統合参謀本部内での検討では、限定的な地上兵力の投入の背景に、韓国軍だけで北朝鮮軍の攻勢を止めることができず米地上兵力を投入するときが近づいており、やむを得ない事態との認識があった。同時に、韓国軍だけで三八度線まで北朝鮮軍を押し返すことが可能だとする期待もあった。しかし、北朝鮮へのソ連の公然とした援助がないという前提に立ち、米極東軍に北朝鮮軍を三八度線まで押し返す任務を与えるべきとの結論に至った。そのために、マッカーサーに対し全ての兵力を使用できる権限を与え、他国の支援も受け入れるべきとした。そして、北朝鮮領内での軍事行動を許可し、北朝鮮に対する海上封鎖を行うこと、などが加えられた。緊急事態としての理由から、極東軍への増派がなされるべきである、と。また、米国内では州兵や予備役の動員を行い、国連加盟国から少なくとも象徴的な派兵を呼びかけること、などとされた。もしソ連が北朝鮮のための公然とした介入やヨーロッパでの侵攻を開始すれば、新しい事態となる。その場合は、全面的な動員を行い、海外の米人の避難を進め、国連の場でソ連への制裁を求めるべきだとしていた(28)。

トルーマンは、国防長官のジョンソンと米統合参謀本部議長のブラッドレーの要請を受けて、二九日の午後五時に国家安全保障会議を召集した。国防長官が、米統合参謀本部内で検討した極東軍への指令案を説明した。韓国における米軍の役割拡大について異義はなかったものの、国務長官のアチソンと陸軍長官のフランク・ペース二世（Frank Pace, Jr.）は、三八度線以北での軍事行動について、軍事目標のみに絞り、三八度線越境を阻止する目的に限定して、注意深くコントロールされなければならないと指摘した。トルーマンも同意した。トルーマンの関心事は、韓国での米国の軍事行動がソ連の介入を招くかどうかにあった。三八度線以北での軍事行動について指令のなかで言及するよう、トルーマンは国務省と国防省に再検討を命じた。

その場で、アチソンが国連安保理決議に対するソ連の抗議が届いたことを紹介した。それによると、三八度線を超える武力行使は韓国が仕掛けたものであると主張し、国連軍による軍事行動は朝鮮への内政不干渉原則に反するとして批判していた。アチソンは、この声明からソ連には朝鮮への介入の意志がないと判断した。アチソンは、米国の韓国支援を中止するよう求めた中華人民共和国からの抗議声明にも言及した。

その会議でトルーマンは、マッカーサーに対し極東の軍事情勢に関して日々の報告を行うよう指令に追記するように命じた。より重要な点は、韓国防衛が真の国際的努力であるために国連加盟国からのすべての軍事支援を受け入れる、との追記を命じたことだった。これらの修正を行った上で、米統合参謀本部から極東軍のマッカーサーへ指令が送られた。ワシントン時間の六月二九日一八時五九分、東京の極東軍が受信したのが日本時間六月三〇日九時五五分だった(29)。

トルーマンのマッカーサーへの指示は以下の通りであった。

（1）三八度線以南の韓国から北朝鮮軍を排除するために、極東軍指揮下の航空、海上兵力使用の権限を与える。（2）地上兵力については、釜山周辺地域での港湾と飛行場の確保のための地上兵力の使用を例外として、不可欠な通信、重要な支援の目的として活動に限定する。（3）台湾への中華人民共和国の侵攻と台湾の国民党政権の大陸反攻を防ぐため、台湾の航空、海上防衛を命じる。（4）マッカーサーが米軍への不必要な犠牲を回避するために不可欠な軍事行動だと判断するときには、北朝鮮にある純軍事的目標に限定しての作戦行動を許可する。（5）もしソビエトが朝鮮に介入したとき、韓国軍の援護、支援のために供される航空、海上兵力と限定的な地上兵力の使用の決定はソ連との戦争を意味しない。韓国に関する決定は、ソビエトとの戦争という深刻な危険性が伴っているとの自覚のもとで行われるべきだ。
トルーマンにとっての朝鮮戦争は、戦場、目標、手段などを限定して開始された。

マッカーサーの戦争

こうしたワシントンでの決定が行われる間に、マッカーサーは二九日六時一〇分（日本時間、ワシントンでは二八日午後）韓国での戦況を視察し、その日の内に東京へ戻った。そして、独自の作戦計画を準備した。マッカーサーの視察報告は、ワシントン時間二九日夜に陸軍省と米統合参謀本部へ届いた。二九日に開催された国家安全保障会議の終了後だった。

それによると、国内の治安維持に対応するだけの韓国軍が、戦車と航空機を含めた北朝鮮軍の侵攻を食い止めるのは難しいとの評価であった。韓国軍は兵力の投入、物資の補給を含めた防衛の縦深性のある計画を準備していなかったばかりでなく、すでに重装備の喪失、放棄が起こり、部隊間の連絡網が寸断されている。韓国軍は、後方地域にて米軍事顧問団の将校の指揮のもとで部隊の再編・統合を行っている。しかし、韓国軍による反攻勢の能力は足りず、北朝鮮軍の進撃が続けば、韓国の崩壊への危機が迫っている。現在の前線を保持し、のちに失地回復する唯一の方法は、米地上兵力の韓国への投入である。米空軍、米海軍による航空作戦を効果的にするために、地上兵力を抜きにしては決定的とならない。そこで、日本に配置している極東軍指揮下の一個連隊戦闘チームの緊急派遣と、早期の反転攻勢のために人員、装備を満たした米軍二個師団の派遣を承認してほしいとの内容であった。

六月三〇日午前四時（ワシントン時間）、陸軍参謀総長のJ・ロートン・コリンズ（J. Lawton Collins）とマッカーサーとの間での電話会議が開かれた。まず、マッカーサーが一個連隊戦闘チームの正式な派遣許可を求めたので、コリンズは陸軍長官のペース（Frank Pace, Jr.）を通じて、トルーマンの承認を求めることにした。待っている間に、コリンズから極東軍に対し、空からの支援作戦、韓国の水域における海軍の作戦の効果を尋ねると同時に、現状では漢江《ハンガン》での抵抗線の保持は困難と見るべきとの見解を伝えた。それに対し、極東軍は求める一個連隊戦闘チームの戦場投入までの時間や支援の拡大可能性などの曖昧な回答をしていた。マッカーサーの極東軍が正確な事態の把握と練られた作戦計画を準備できていないことを示していた。トルーマンは、午前五時ごろの陸軍長官との電話にて、一個連隊戦闘チームの派遣申請については承認した。しかし、二個師団の派遣については留保した。


この過程を共有していた米統合参謀本部の他のメンバーから、この派遣決定を受けての懸念が出ていた。海軍作戦部長のシャーマンは、地上兵力の投入決定を不安に感じ、後日、まさにそうなったと感じるのでは、と思った。海軍士官であったシャーマンには、地上戦が避けられないとしても、アジア的な戦い方をアジア大陸で強いられる危険性が感じられたのだった。

トルーマンは、直ちに国家安全保障会議を召集し、二個師団増派について検討することにした。米統合参謀本部では国防長官を交えて、午前九時から予定されていた会議までに、極東軍への増派計画承認の草案を準備した。トルーマンは、蔣介石からの三万三〇〇〇の韓国への兵力提供の打診を受けて議題としたが、アチソンから国民党軍の能力の足りなさ、中華人民共和国の介入の誘発、その兵力輸送の困難さが指摘されたので、却下した。その一方でトルーマンは、マッカーサーからの増派計画については、韓国に派遣する師団の数に制限を設けずに地上兵力を使用する権限を承認したと発言した。そして、トルーマンはシャーマンが提案した北朝鮮の海上封鎖の実施を承認した。その地上兵力の派遣についての詳細は行わないままで会議は終わった。トルーマンは、地上兵力を投入した朝鮮戦争に入ることを議会関係者に伝え、そしてホワイトハウスからも公式の発表が行われた。

その日の午後早くには、極東軍に対し、申請のあった地上兵力の使用を認めるとの指示が送られた。その後、米統合参謀本部では、今後の米本土からの増派の準備、国連安全保障理事会の決議に基づき加盟国の派遣する兵力をマッカーサーの指揮下に入れる用意などの検討を開始するよう決めた。

この一九五〇年六月三〇日の決定によって、朝鮮半島から米国は引き返せないことになった。この間の展開をまめると、第一段階で米民間人の脱出のため飛行機および船による輸送と空からの援護、第二段階で三八度線以南に限定して、韓国軍の援護と支援のための空軍と海軍による航空作戦、第三段階で三八度線以北を含めて、韓国内の基地からの発進を含む空軍と海軍による航空作戦、そして第四段階で、戦闘地域へ地上兵力の投入、となる。第三段階での軍事介入は、限定的だったとはいえ、

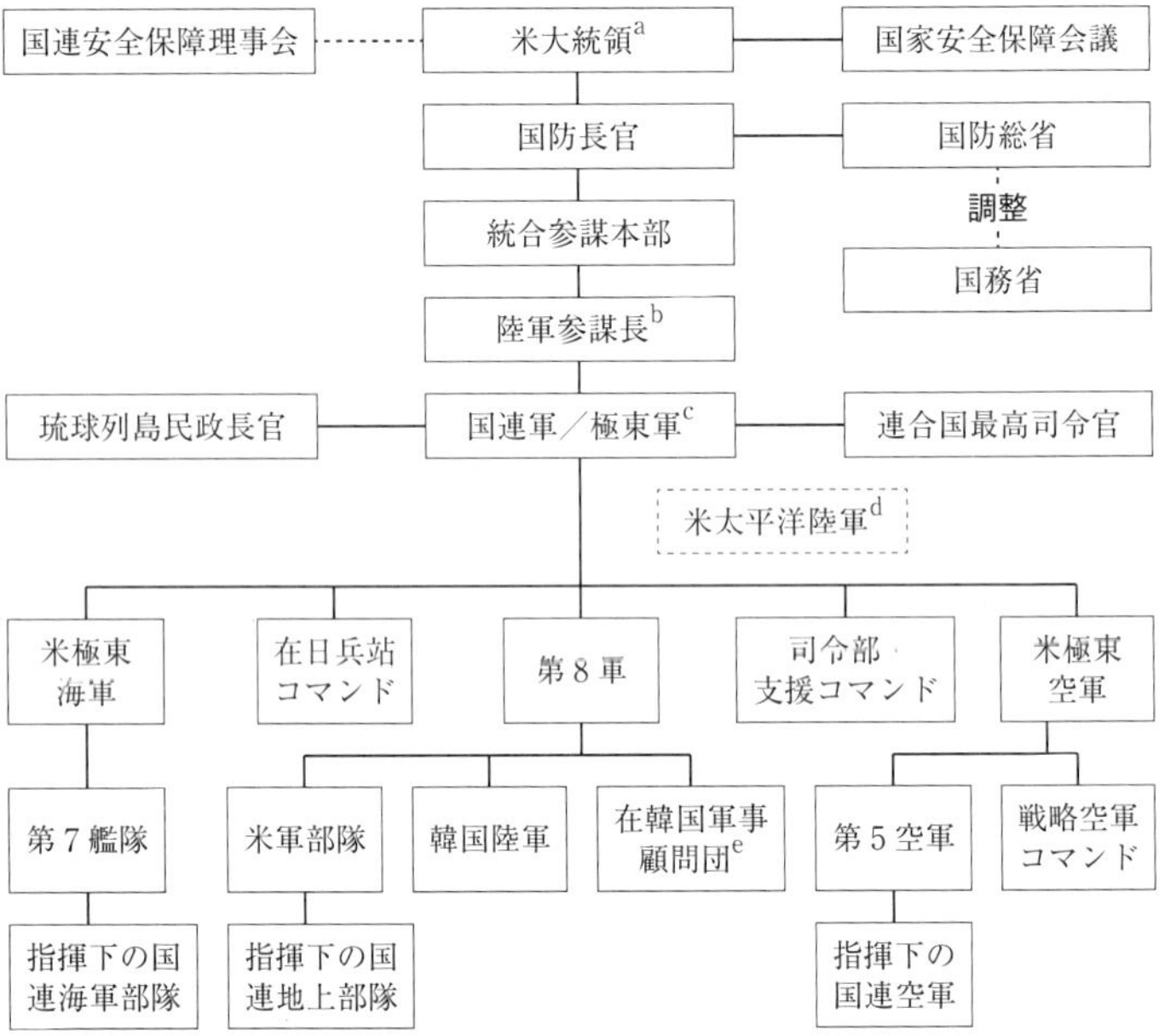

a　国連安保理は命令権限を持たないが，国連軍司令官からの隔週の報告を受けた.

b　米陸軍参謀長は，統合参謀本部の実施責任者として行動した.

c　国連軍／米極東軍は，指揮下にある海軍，空軍の兵力のみの作戦統制権を行使した.

d　米太平洋陸軍司令部は解体されてはいなかったが，1952年10月1日まで現役であった.

e　在韓軍事顧問団は第8軍の指揮下に配属された．同軍事顧問団は，韓国陸軍への支援，第8軍と韓国陸軍との間の連絡の任務などから外れていた.

図3　国連軍への指揮命令系統　1951年7月　（Walter G. Hermes, *Truce Tent and Fighting Front*, 1992, p 54 より）

転機となったといえよう(30)。

米軍が、一九四八年六月末に撤退したときの論理は、米軍の介入はしないという目的を実現するための、韓国軍の拡大強化の手段の選択であった。一九五〇年の米軍介入の論理は、西側世界で不安が高まり、同盟国が注目するなかで、米国の政治的考慮に基づく軍事介入の選択であった。その後、米国が主導した国連決議の措置に対抗する北朝鮮に対し、懲罰を加えるべきとの論理で三八度線を越えての戦線拡大へとトルーマン政権は向かっていった。

地上兵力の投入後は、目的の実現ではなく、どのような手段が取れるのかどうかに考え方が傾いていく。すべてがマッカーサーの軍事的、政治的手腕にかかるようになっていく。マッカーサーは、指揮下で地上兵力を構成する第八軍司令官のワルトン・ウォーカー（Walton H. Walker）中将に対し、日本占領のために配置していた四個師団のうち三個を韓国へ送るよう命じた。まず、一九五〇年七月一日、九州にいた第二四歩兵師団が空路、海路で釜山経由でソウル南部に配置された。続いて、関西にいた第二五歩兵師団、関東にいた第一騎兵師団が釜山周辺へと展開した。

国連安全保障理事会は、七月七日、北朝鮮の韓国への侵攻が平和を乱す行為だと判断して加盟国に対し、米国の指揮のもとに設置される統合軍への兵力提供あるいは軍事支援を行うよう勧告した。米国の設置する統合軍には、国連旗を掲げることが許可され、安保理に対しその統合軍の活動について適宜、報告が求められるとされた。米統合参謀本部は、翌七月八日、国連決議でいう統合軍である国連軍（United Nation Command: UNC）の司令官（Commander in Chief）にマッカーサー極東軍司令官を指名し、トルーマンが承認した。マッカーサーは、七月二五日、東京の極東軍司令部に国連軍司令部を併設した。同司令部には、すでに日本占領のための連合国最高司令官の司令部（一九五二年四月二七日まで）が置かれ、いずれもが混在する形でそれぞれの任務をこなしていく。

極東軍の地上兵力を指揮していた第八軍司令部は、七月一三日、韓国の大邱《テグ》へ移動した。翌一四日、ウォーカーに朝鮮半島での作戦指揮が任され、第八軍から在韓第八軍（Eight U.S. Army in Korea: EUSAK）へと呼称が変更された。韓国大統領の李承晩は、同日、国連安保理決議によって設置される統合軍（マッカーサー指揮する国連軍）下に韓国軍を置くよう求めた。これを受けて国連軍司令官としてのマッカーサーは、七月一七日にウォーカーに対し韓国における韓国軍を含むすべての地上兵力の指揮をとるよう指示を与えた。これ以降、韓国軍の作戦統制権（operational control）は韓国にいる米軍が握ることになった。作戦統制権の行使は、司令官のウォーカーないしその参謀部から韓国軍の参謀部に対し特定の任務を依頼するのが、通常の手続きであった。その後に、米軍から当該の韓国軍部隊に対し必要な命令を出して作戦を遂行していった。例外は、一九五〇年九月の仁川上陸作戦での韓国軍の第一七連隊が米陸軍第七歩兵師団指揮下の連隊として作戦行動についたことだった。師団の下位の連隊レベルで部隊が指揮下に入るのは例がなかった。第二次世界大戦で米英の両軍間で行われたように、軍団レベルでは一九五〇年九月には米第一軍団の指揮下に韓国第一師団が配置された(31)。その後、沖縄から第二九歩兵連隊、ハワイから第五連隊戦闘チーム、米本土（Continental US）から第三歩兵師団、第一海兵師団、第七歩兵師団、第二歩兵師団などの地上兵力が投入された[32]。トルーマン政権は、当時保持しているほとんどの地上戦闘兵力を朝鮮戦争に投入した。

朝鮮戦争は、一九五三年七月二七日調印の休戦協定まで、戦闘が続く。その間に、マッカーサーからの米軍の増派要求が続く。トルーマン政権は冷戦のなかで軍事力増強を急ぐが、対ソにむけた核兵器の拡充や欧州への戦略的予備の温存を理由にして、マッカーサーの要求に足りない兵力増強で応えた。とはいえ、韓国には戦闘用の兵力だけでなく、それに必要な支援部隊、また朝鮮半島周辺にて展開する海軍艦艇、日本や沖縄などに配置する地上、航空の兵力が配置された。

国連軍指揮下の兵力一覧をみると、当事国の韓国軍が五九万名で最大規模である。ついで、米軍の三〇万二五〇〇名であった。そして、イギリス軍一万四〇〇〇名、カナダ軍六一〇〇名、トルコ軍五五〇〇名、豪州軍二三〇〇名、以下一三カ国から派遣された。休戦協定以後の米軍削減が、トルーマン政権に代わって登場したアイゼンハワー政権の課題となる。

注

（1）JCS, *History of the Joint Chiefs of Staff: the Joint Chiefs of Staff and National Policy* (hereafter *History of the*

JCS) 1945–1947, Vol. 1 (Office of Joint History, Office of the Chairman of the Joint Chiefs of Staff, Washington DC: 1996) p. 91; https://www.jcs.mil/Portals/36/Documents/History/Policy/Policy_V001.pdf accessed May 25, 2020;
The National WWII Museum, New Orleans, Research Starters: US Military by the Numbers;
https://www.nationalww2museum.org/students-teachers/student-resources/research-starters/research-starters-us-military-numbers, accessed May 25, 2020

（2）　JCS, *History of the JCS*, Vol. 4, 1950–1952, pp. 19–20, https://www.jcs.mil/Portals/36/Documents/History/Policy/Policy_V004.pdf

（3）　James F. Schnabel, *Policy and Direction: the first year*, Center of Military History, U. S. Army, 1972, p. 43; https://history.army.mil/html/books/020/20-1/CMH_Pub_20-1.pdf accessed May 25, 2020

（4）　Schnabel, ibid., p. 54.

（5）　Schnabel, ibid., p. 16.

（6）　Schnabel, ibid., p. 7.

（7）　Schnabel, ibid., p. 13

（8）　Schnabel, ibid., p. 7.

（9）　日本侵攻作戦において、沖縄を攻略した米陸軍第一〇軍指揮下の第二四軍を朝鮮半島へ送る計画であった。日本の降伏後、第一〇軍を外して、第二四軍団のみを、三八度線以南の朝鮮占領にあてる計画へと変更された（Report of General MacArthur, Vol I Supplement, pp. 1–18.）。

（10）　第二四軍団は第六師団、第七師団、第四〇師団で構成されていた（総員七万二〇〇〇名）。州兵部隊（カリフォルニア州）であった第四〇師団が帰国したため（第二四軍団の総員は四万）、残る第六師団が大邱に、第七師団がソウルに司令部をおき、それぞれ、三〇度線以南の南部と北部をそれぞれが管轄した。第三一歩兵連隊の歴史を記した記録から参照（http://www.31stinfantry.org/wp-content/uploads/2014/01/Chapter-8.pdf, accessed 25 May 2020）。

（11）Schnabel, op cit., pp. 17–19.

（12）ブルース・カミングス（横田安司、小林知子訳）『現代朝鮮の歴史』（明石書店、二〇〇三年）pp. 327–338.

（13）*History of the Unified Command Plan 1946–2012*, pp. 11–13

（14）JCS, *History of the JCS, Vol. 3, The Korean War, Part One*, p. 5

（15）JCS, *History of the JCS* Vol. 3, ibid., p. 6, https://www.jcs.mil/Portals/36/Documents/History/Policy/Policy_V003_P001.pdf

（16）SWNCC 176/30（4 Aug. 1947）"Report by the Ad Hoc Committee on Korea," *Foreign Relations of the United States*（hereafter *FRUS*）, 1947, The Far East, Vol. VI, Document 560（https://history.state.gov/historicaldocuments/frus1947v06/d560, accessed May 25, 2020）

（17）Memorandum by the Secretary of Defense（Forrestal）to the Secretary of State（26 Sep. 1947）, FRUS, The Far East, Vol. VI, Document 624（https://history.state.gov/historicaldocuments/frus1947v06/d624 accessed May 25, 2020）

（18）「国家安全保障法（National Security Act, 1947）に基づき、国防省（Department of Defense）の設置とともに陸軍の航空隊から独立して空軍となったので、空軍も同調整会議の一員となり、State-Army-Navy-Air Force Coordinating Committee, SANACC へと変更後、国家安全保障会議（National Security Council, NSC）の下部として一九四九年六月三〇日まで存続（US Congress, *Organizational History of the National Security Council, Study* submitted by the Committee on Government Operations, United States by the Subcommittee on National Policy Machinery, Washington DC, Government Printing Office:1960, pp. 14–15.)。

(19) JCS, *History of the JCS*, Vol. 3, op. cit., p. 11

(20) JCS, *History of the JCS*, Vol. 3, op. cit., p. 13.,

(21) JCS, *History of the JCS*, Vol. 3, op. cit., p. 12.

(22) JCS, *History of the JCS*, Vol. 3, op. cit., p. 19.

(23) Roy E. Appleman, *South to the Naktong, North to the Yalu*, Center of Military History, United States Army: Washington D.C., 1992, p. 50, Foot note [2] EUSAK WD, Prologue, 25 Jun-12 Jul 50, pp. ii, vi. The aggregate strength of the four divisions in Japan as of 30 June 1950 was as follows: 24th Infantry Division, 12, 197; 25th Infantry Division, 15, 018; 1st Cavalry Division, 12, 340; 7th Infantry Division, 12, 907. Other troops in Japan included 5, 290 of the 40th Antiaircraft Artillery, and 25, 119 others, for a total of 82, 871.

(24) JCS, *History of the JCS*, vol. 3, op. cit., pp. 21–22.

(25) JCS, *History of the JCS*, Vol. 3, cp. cit., p. 17.

(26) JCS, *History of the JCS*, Vol. 3, op. cit., pp. 31–32.

(27) JCS, *History of the JCS*, Vol. 3, op. cit., p. 44.

(28) JCS, *History of the JCS*, Vol. 3, op. cit., p. 45.

(29) JCS, *History of the JCS*, Vol. 3 op. cit., p. 282, note 100.

(30) JCS, *History of the JCS*, Vol. 3, op. cit., p. 52.

(31) Appleton, op. cit., p. 112.

(32) 一般予備（General Reserve）とされた五個師団（第二機甲師団、第二歩兵師団、第三歩兵師団、第一一空挺師団（一個連隊欠）、第八二空挺師団）から、三個師団を朝鮮戦争に投入した。残る戦略予備は、欧州の戦場で有効な機甲部隊と欧州での危機に緊急展開できる一個師団のみだった。

第二章　休戦協定後の米軍再編と日米安保改定

一九五〇年六月の朝鮮戦争開始において、トルーマン政権がとった韓国防衛のための米軍投入決定は、当初の段階で国民的支持を得た。と同時に、同政権が開始した高価な軍備拡張路線も国民的支持を得ていた。しかし、三年以上に及ぶ戦争の長期化で、こうした支持は一九五二年までにしぼんでいった。朝鮮戦争への手詰まり状態から脱しきれない同政権への不支持は高まっていった。一九五二年一一月の大統領選挙に共和党から出馬したドワイト・D・アイゼンハワー（Dwight D. Eisenhower）は「転換の負託」を謳ってキャンペーンを展開した。当選の暁には朝鮮の戦場を訪問して、戦争を「早期の、そして名誉ある終結に導く」とのアイゼンハワーの声明（一九五二年一〇月二四日、デトロイトにて）は、こうした国民感情に沿うものだった。(1)とりわけ、南北戦争、第一次、第二次の両大戦に次ぐ戦傷者（この時点で、死者二万一〇〇〇名、負傷者九万一〇〇〇名、行方不明者一万三〇〇〇名）という犠牲を払った米国民には、三八度線で軍事的に膠着していた戦況への不満をすくい取る公約と映った。(2)アイゼンハワーは当選後の一九五二年一二月（二日から五日まで）に韓国を訪問し、五ヶ所の戦線視察、国連軍司令部訪問、そして李承晩韓国大統領との会談を行った。アイゼンハワーの関心事は、米政府が財政負担をする一二個から二〇個師団への韓国軍増強計画にともなうコスト、政治的な判断で回避された中華民国軍の朝鮮派兵であった。緊急課題として、国連軍の兵員と弾薬の不足をどのように埋めるかが確認された。アイゼンハワーの韓国訪問の最大の目的であった朝鮮戦争にいかに勝利するかについての議論はなされなかった。視察や会談で明らかとなったのは、勝利ではなく、「名誉ある休戦」への追求であった(3)。

1　アイゼンハワーの戦争

一九五三年一月に大統領に就任したアイゼンハワーは、二月までに朝鮮戦争終結へむけての行動を開始した。まず、可能な道として二つの案を検討した。一つは、戦争の引き伸ばし策であった。しかし、すでに甚大な犠牲を払ってきたため、採用できなかった。二つめは、通常戦力による全面的な軍事勝利を目指す案であった。しかし、国連軍は制空権を確保し、優れた補給体制、野心的な上陸作戦の軍事能力をもち、中国や北朝鮮は兵力数、士気、戦略拠点、武器弾薬の備蓄などで優勢とみられる軍隊をもっていた。たとえ中国・北朝鮮軍を撃退したとしても、満洲にまで戦線が拡大できないのであれば、国連軍には軍事的勝利は覚束ないと判断された。人命の犠牲をさらに払うに値しない案であった。

核兵器投入の検討

次に、核兵器の使用によって攻撃にともなう犠牲を過大にしない方法が検討された。米統合参謀本部によれば、北朝鮮において広範に建設された地下要塞陣地への攻撃に際して戦術核兵器の使用効果は薄い評価であった。北朝鮮、満洲、中国の沿岸部などの戦略目標に対しては効果的だとの評価が出されていた。核兵器の使用は、これまでの戦争方針の変更を意味し、同盟国からの同意を得なければならなかった。その場合は核兵器使用をためらう、あるいは同盟国の反感を生む事態に米国が直面する問題が控えていると考えられた。アイゼンハワーにとってより深刻な問題は、大量の核兵器を保有するソ連の参戦を誘発し、アジアでの核戦争によって日本の都市が攻撃されることだった(4)。

そこで、アイゼンハワー政権は一九五一年六月から始まっていた休戦協定締結交渉の難行や、戦争の手詰まりから抜け出るために、決定的な手を探し求めた。それは、抑制なき武器使用の用意があることを明確にすることを通じて、休戦協定にむけた行動を中国・北朝鮮に取らせることだった。朝鮮半島だけに限定していた戦争からの拡大の意思表明を、用心深く行ったのである(5)。その結果、一九五三年二月二二日に出された重病と重症の捕虜交換を求める国連軍からの書簡に対応して、三月二八日付で中国・北朝鮮から休戦協定再開の回答が届いた。これに沿って実際に双方の傷病捕虜（国連軍側六八四名、中国・北朝鮮側六六七〇名）がそれぞれの陣営へ戻された。一九五二年一〇月八日以来途絶えていた交渉が六ヶ月ぶりに、四月二六日に板門店《パンムンジョム》で再開された。続いて、残りの捕虜交換が休戦協定交渉の前段階として取り上げられた。国連軍の管理下に中国側の六七〇〇〇名、北朝鮮側の七万五〇〇〇名、中国・北朝鮮の管理下に国連軍一万三〇〇〇名（韓国軍八三〇〇名、米軍三七〇〇名、英軍一〇〇〇名など）が、それぞれの捕虜となっていた。(6) だが、帰還を希望しない捕虜や収容所での暴動などで休戦協定締結が遅れたが、仲裁者として関与する中立国（ポーランド、チェコスロバキア、スイス、スウェーデン、インド）で構成された中立国送還委員会（Neutral Nations Repatriation Commission: NNRC）に捕虜交換を委ねることで処理された。(7)

李承晩の抵抗

アイゼンハワー政権の休戦協定交渉の相手は、中国と北朝鮮だけではなかった。最大の説得を行うべき相手は、韓国政府であり、大統領の李承晩だった。なぜなら、休戦に最も反対したのが李承晩であったからである。一九五三年初頭より李承晩は国連軍に対し、北朝鮮にある占領地へ韓国の主権が及ぶとしてその管理を韓国政府へ戻すように要求し出した。これに対し、米統合参謀本部や国務省の支持を得てクラーク（Mark W. Clark）国連軍司令官は、二月二七日、侵略から安全となるまでの間は占領地を国連軍の管理下におくと回答した。

加えて李承晩は、休戦交渉への強い反対を表明してきた。中国軍の朝鮮半島からの全面撤退、北朝鮮軍の武装解除、朝鮮半島問題を検討する国際会議への北朝鮮を支持する第三国の参加拒否、韓国の主権と領土保全への全面的承認などの条件が満たされない限り、休戦交渉を認めないとする姿勢であった。板門店での休戦交渉の進展が顕著となっていた四月五日、李承晩は韓国の究極目標は鴨緑江《おうりょっこう》以南の朝鮮の統一であり、これに変更はないと宣言し、国連軍に対し鴨緑江まで取り戻すよう戦闘継続を求めた。クラーク司令官は交渉への韓国の反対表明は深刻な事態を引き起こすとして警告した。それに対し李承晩は、国連軍代表団からの韓国代表の撤退を仄めかしたばかりか、最悪の場合には国連軍指揮下からの韓国軍の撤退、そして国連の決定に従わない可能性もあり得ると反論した。

さらに李承晩は四月九日付の書簡をアイゼンハワーへ送り、休戦協定交渉再開に抗議した。書簡の中で李承晩は、もし朝鮮半島に中国軍が留まることを許す協定がなされるとき、鴨緑江までの進撃に参加する国を除き、すべての外国軍隊の韓国からの撤退を韓国が要求することになる、と記していた(8)。

こうした事態に直面したクラークは、四月一六日付の韓国情勢評価をワシントンへ送付した。それによれば休戦協定への韓国の反対は、朝鮮統一への強い欲求、一九五〇年六月の北による侵略への記憶、中ソの北朝鮮承認とその政治的圧力、今後の侵略に際しての米国の支援を危ぶむ恐怖心、などに起因すると指摘されていた。もし李承晩が韓国軍を使って統一という長期目標を実現できると確信したら、実行に移すだろう、と記されていた。そして、無謀な行動に走る傾向のある李承晩を危険視していた。だが、クラークによれば李承晩は米韓の安全保障関係の維持を望みつつも、米国に対し戦後の経済援助の供与、休戦協定合意実施のための政治会議への韓国の参加、平和的手段による朝鮮統一の継続的追求などの約束を求めてくると読んでいた。

しかし、クラークは米韓の軍事同盟化に反対であった。その理由として、当時の米極東軍に与えられていた基本任務と相容れないためだと主張していた。米極東軍は、日本の安全を確保するために、北朝鮮の侵略に晒された朝鮮半島へ軍事力を展開していたからである。クラークは李承晩に対し、韓国軍を国連軍指揮下に入れる取り決めを改めて持ち出すことには否定的であった。こうした中、韓国議会は、四月二一日、北への軍事侵攻による朝鮮統一目標を支持する決議で可決した。その三日後、李承晩はアイゼンハワーに対し、国連軍が鴨緑江以南に中国軍の駐留を認めるならば、韓国軍を国連軍指揮下から外して、韓国は単独でも戦うと伝えていた。

この李承晩の声明をいつものこけおどしだと考えていたクラークは李承晩の真意を確かめるべく、国連軍司令部のある東京から四月二七日にソウルの大統領府を訪ねた。クラークは李承晩に対し、米韓間の全面的な協議を経ず韓国軍が国連軍指揮下から抜けることはできないと説明した。クラークは、李承晩が欲しているのは、もし中国や北朝鮮が休戦協定に違反する行為に及んだときにアイゼンハワーから韓国防衛への強い支持が得られることだとみていた(9)。

駆け引きと妥協

クラークに同行していたブリッグス（Ellis O. Briggs）駐韓大使は、李承晩の四月九日付の書簡へのアイゼンハワーからの返書を手渡した。内容は、国の分割を終わらせ侵略者の中国を追い出したいとの朝鮮人民の願望への理解を示して、以下の四点を強調した。第一に、北朝鮮と中国による武力攻撃を撃退する目標は達成されたこと。第二に、武力攻撃の撃退が実現した以上、平和的手段によって残る課題を解決すべきであり、名誉ある条件での戦闘の中止が不可欠であること。第三に、米国と国連は自由と独立を保証する条件で朝鮮統一を一貫して支持し、戦争による目的達成を望んでいないこと。第四に、戦闘中止と統一朝鮮における自由選挙の実施に向けての政治交渉の開始を意味する名誉ある休戦を求めていること(10)。

こうした説得にかかわらず李承晩は、依然として態度を変えなかった。クラークは李承晩に会うべく五月一二日に再度韓国へ飛んだ。翌一三日の会談で李承晩は、米国の財政支援に基づく韓国軍の拡張と米国との相互防衛条約の締結に向けた関与を求めた。クラークは、二〇個師団への拡大計画を全面的に支持してきており、相互防衛条約については両国間で今後話し合われると回答した。そしてクラークは、この二つの条件に加え休戦協定交渉において捕虜の強制的な送還を行わないことを原則とすると合意できれば李承晩は休戦協定を受け入れる、と判断していた。捕虜の中の北朝鮮兵の多くが韓国残留を希望し、受け入れたい韓国は捕虜の強制送還に難色を示していたからである。それら提案の背景として、李承晩は米国との安保条約締結とより多額の経済援助を求めて交渉上の駆け引きを行っており、休戦協定への韓国の関与を国民に示したがっているとみなしていた。

国連軍司令部内で、五月二五日開催予定の休戦協定交渉での国連軍提案の検討をした結果、捕虜の強制送還を行わないとする李承晩の要望を交渉事項から落とすことにした。なぜならば、国連軍にとって、捕虜送還の件を持ち出せば交渉を頓挫させかねないからだ。その説得のため、板門店での交渉が始まる一時間前の五月二五日午前、クラークとブリッグスは李承晩に会った。米側は、休戦協定交渉に協力してもらえるならば米国は李承晩に対し軍事的、経済的、政治的な支持を行う、とした。そして、休戦協定が発効後すぐに、国連軍に参加する国家が、韓国への新たな武力攻撃に対しては大規模な制裁を加えるとの警告を発出することを約束した。しかし、相互防衛条約の締結は制裁声明の効果を弱め、韓国における国連の活動資格を損なうことになるなどを理由として望ましくない、と伝えた(11)。

それに対し李承晩は、深い失望を感じたと述べ、国連軍と経済援助が引き揚げられることになれば、我々は誰も頼ることなく自ら戦いに挑むだけだと語気を強めた。また、韓国を民主主義国は支援するはずだと信頼したことの始りが誤ちだったと述べ、さらにこのような状況下でアイゼンハワーとの協力を確約することはできないとさえ怒りをぶちまけたのだった(12)。

李承晩説得と同時に進行した休戦協定交渉では、一九五三年六月八日、ほぼ国連軍の提案の形で捕虜の自主的送還問題を処理する中立国送還委員会への委託事項が合意された。こうして一年以上かかった捕虜送還問題処理の執行態勢が成立した。中立国監視委員会（Neutral Nations Supervisory Commission: NNSC）の設置、軍事境界線の策定などが課題となり、休戦協定交渉の大詰めを迎えた。しかし依然として、米側は李承晩の了解を得ることができなかった。

2　エヴァレディ計画

李承晩の激怒に驚いたクラークは、休戦交渉からの韓国代表の撤退あるいは独自の休戦提案などの韓国による妨害活動を予想し、最終的に起こり得る韓国軍の国連軍指揮下からの撤退を阻止できるよう準備を開始した[13]。

ワシントンとの協議の結果、最悪の緊急事態に備えるエヴァレディ計画（Plan EVERREADY）が作成された。想定される三つの段階〈〈1〉国連軍司令部の命令に韓国軍が反応しない、〈2〉韓国軍が独自行動をとる、〈3〉韓国軍が国連軍に敵対行動をとる）に対応して、国連軍が次のような措置を取るようにした。第一段階では、前線からの撤退準備開始と拠点・基地防衛、海・航空戦力の警戒態勢、前線への補給削減、韓国政府・軍に対する諜報活動強化などの措置。第二段階では、拠点防衛のために前線からの撤退実施、不要拠点の閉鎖、韓国軍の武装解除と解散、重要拠点と通信施設の安全強化、民間人の移動制限などの措置。そして、第三段階では国連軍と指揮下の韓国軍の防御態勢への移行措置を取ることとした。いかなる段階でも必要とあれば、国連の名の下での戒厳令の宣言、反対する軍・政治の指導者たちの拘束、軍政府の設置などの措置を取ることも盛り込まれた。さらに、国連軍に異論を唱える韓国軍への補給支援の段階的削減と指揮下にとどまる韓国軍への補給支援継続でもって韓国軍の動向をコントロールしようとした(14)。

国連軍司令官のクラークの指揮する米極東軍で作成されたこの計画は、一九五三年五月二二日、米統合参謀本部へ送られた。先の李承晩との会談（四月二五日、ワシントンでは二四日）の報告を受けた統合参謀本部での検討も、この計画と同じ方向性を示しており、早速、大統領に対し韓国での緊急事態とそれに対応する国連軍司令官のとるべき段階を説明する文書を作成した。この文書は、国防、国務の両長官へ五月二九日に送付された。危険なほどの緊急事態だと認識しながらも、両長官は度がすぎることを理由に計画を不承認とした。しかし、両省でさらに検討された結果、当面の暫定的な措置として指揮下の全部隊の安全を確保するための必要な行動をとるよう命令が国連軍司令官へ直ちに下された。そして、もし韓国政府の行動により深刻な事態に至ったとき、指揮下の全部隊を保全するのに必要な措置をとる権限が国連軍司令官に与えられた。ただ、韓国との相互安全保障条約については何ら決定されなかった。しかしクラークには、李承晩が韓国軍の指揮権を巡り譲歩した場合には、ダレス（John Foster Dulles）国務長官がアイゼンハワー大統領に条約締結交渉に入るよう強く進言する、と伝えることが許されていた[15]。

その命令を受けたクラークは、翌日の三〇日、李承晩が事前の具体的警告なくして重大な一方的行動を取ることはないだろうとの見解を統合参謀本部へ送っていた。何よりも相互防衛条約を持ち出せば李承晩を懐柔できると判断していた。その結果として、韓国政府との関係は改善され、国連の進める休戦協定提案への反対を取り除くことができる、と信じていた。つまり、クラークは相互防衛条約締結を持ちかけることで、国連軍の休戦協定提案と韓国軍を国連軍指揮下（UNC of control of ROK forces）に留めることに対し李承晩の同意を得られると理解していた[16]。

クラークの報告を受けてワシントンでは、同三〇日、国務、国防の両長官、陸軍参謀長などが集まってエヴァレディ計画を検討し、基本的に承認した。そして、アイゼンハワーに対し、米比の間での相互防衛条約やオーストラリア・ニュージーランド・米国の三ヵ国間でのANZUS条約などと同様の相互安全保障条約の締結交渉を韓国政府と進めるよう勧告した。ただし、国連軍の進める休戦協定を受け入れ、その実施に協力し、国連軍指揮下（UN Command authority）[17]に韓国軍を置くことが条件として付されていた。この勧告は、直ちに大統領へ送られ、承認された。同日中にコリンズ（J. Lawton Collins）陸軍参謀長からクラークへ、米韓の間での相互防衛条約締結交渉開始の決定が伝えられ、李承晩へのアプローチの時期の判断はクラークとブリッグスに委ねられた。翌三一日、その時期についてクラークは状況がはっきりしたときに行うと述べ、当面の間、その状況にない、と回答した。[18]

3　韓国のかけひき

一方で李承晩は、五月三〇日にアイゼンハワーに再び書簡を送り、先の五月二五日の会談でクラークとブリッグスが打診した休戦協定の受け入れ要請への不満を表明した。李承晩は中国軍の残留を認める休戦協定に強く反対し、「朝鮮に対する抗告権のない死刑宣告に等しい」と主張した。そして、韓国と米国との相互安全保障条約を結ぶ条件で中国軍と国連軍の同時撤退を提案した。加えて、武器・弾薬や補給資材の供与を伴う韓国軍の増強と、米空軍や海軍の航空戦力の残留を求めた。これに対するアイゼンハワーの回答は、あらためて捕虜の政治亡命の保証と休戦協定への必要性を訴え、国連軍の進める休戦協定交渉への理解を求めていた。主な内容は、平和的手段による朝鮮統一の実現、フィリピンやANZUSと同様な相互防衛条約の交渉用意、議会承認の条件の下での戦後復興への経済援助などの三点の表明であった。[19]

アイゼンハワーの返書準備の段階で、コリンズ陸軍参謀長の指示を受けたクラークとブリッグスは、六月七日、李承晩を尋ねた。それぞれの主張が繰返されただけで、双方にとって落胆する会議であった。その後、クラークとブリッグスからアイゼンハワーの回答内容が李承晩に伝えられたが、李承晩の態度に変化はなく、クラークは時間を要するとの心象を得ただけだった。[20] 李承晩と米側の間での対立が続く中、板門店での休戦交渉は進行し、六月一七日までに国連軍と中国・北朝鮮軍の間で新たに軍事境界線を確認し合う段階に至った。その一方で、李承晩は北朝鮮軍捕虜の解放、韓国人従業員の引き上げなど国連軍への非協力活動を強めていた。

朝鮮戦争勃発からちょうど三年目を迎えた一九五三年六月二五日、李承晩は大統領個人特使としてロバートソン（Walter S. Robertson）極東問題担当の国務次官補の訪問を受けた。翌二六日から七月九日まで、李承晩とロバートソンの間で関係改善と休戦協定に韓国の支持を得るための交渉が始まった。ダレスからの親書を一読した後李承晩は四つの条件のもとで休戦協定を承認する姿勢を初めて見せた。一つめは中国・北朝鮮に拘束されている反共捕虜の中立国送還委員会の管理下にある非武装地帯（DeMilitarized Zone: DMZ）への移動、二つめは休戦協定の実施を取り扱う政治会議の活動期間の限定（九〇日間を想定）、三つめは米国による韓国への経済援助の提供と韓国軍増強へ向けた継続的支援、四つめは直ちに米国からの相互防衛条約への保証がなされること、などであった。この李承晩の条件はワシントンへ報告された。翌二七日、クラークに同行するロバートソンは李承晩の要求する条件に対応する形でアイゼンハワーの回答を伝えた。捕虜の送還については、兵站作業が整えば北朝鮮軍捕虜の非武装地帯への移動と、送還を希望しない中国軍捕虜の済州島への移動をさせるとした。政治会議の開催期間については、一方的に終了時期を設定できないが、休戦協定が実効性を伴わないと判断されたときには韓国と協調しながら九〇日以内で政治会議から撤退を考慮する。米国からの援助については、経済援助と韓国軍二〇個師団への増強を行う。相互防衛条約については、憲法上の規定に伴う議会の批准を必要とする条件で、締結交渉を始める意志を示した。

それに対し李承晩は肯定的な反応を示していた。そして、韓国政府と国連軍との間で軍事行動を起こす際の相互の同意を必要とする取決が結ばれるまで、休戦協定を監視し、国連軍指揮下（under UNC control）に韓国軍をおかねばならないとする内容の書面をロバートソンとクラークは李承晩から受け取った。その代わりに、このアイゼンハワーの回答を書面にした覚書として、李承晩はロバートソンとクラークから受けとった(21)。

米韓の合意が成立したかにみえたが、その晩の夕食会で、李承晩は米側の覚書に十分に満足していないことを告げ、翌二八日に新たに要求の追加を行った。まず、韓国軍増強への支援について、韓国軍二〇個師団だけでなく、必要とあれば、近隣諸国の軍事力に対応できるよう韓国の軍事力増強に着手することを要求した。つぎに、捕虜となり送還を希望しない中国軍兵士と北朝鮮兵士を非武装地帯へ移す前までに、一週間以内に北朝鮮人捕虜の意向確認を終えること、政治会議が九〇日以内になんらかの合意を生み出すことができないときは、米国は直ちに韓国と一緒になって会議からの脱退と軍事作戦の再開を行うことを求めた。これらを前提条件として、戦争勝利による統一という目標へむかう韓国政府に国連軍が協力する限り、韓国は国連軍の指揮下に韓国軍をおく（leave its forces under the UNC）ことに合意した(22)。

こうした要求に対し、直ちにロバートソンとクラークはワシントンに対し、以下の措置をとるよう勧告した。二人は、李承晩の休戦協定の引延しを図ってきた過去二〇日の間に、一七〇〇〇名の死傷者を出していることを指摘した上で、李承晩に事態の深刻さを伝えることを提案した。駐韓大使、駐日大使、陸軍参謀長の了解を得て、クラークは中国・北朝鮮側へ休戦交渉の再開要請、ロバートソンは李承晩へ休戦協定締結を伝えることにした。だが、李承晩の態度に変化なく、先の覚書の修正案を持ち出すも、米側には明らかな休戦協定締結へのサボタージュにしか映らなかった(23)。国連軍が朝鮮半島からの撤退という選択肢を持たないのだと李承晩が考えているのは明らかで、そのことが、李承晩の対米交渉での要求の源泉となっていた。

李承晩の態度を変えるための方策として、米側には朝鮮半島から撤退を持ち出す案が登場した。クラークは、国連軍の撤退に向けた公然の行動と相まって脅しが奏功すれば、李承晩に対し優位にたてると考え始めた。クラークは朝鮮半島で米地上軍を指揮するテイラー（Maxwell D. Tayler）米第八軍司令官との間で、以下のような計画を立てた。休戦協定締結に備えて国連軍の兵力集中と戦闘物資の日本からの輸送・集積を準備する段階において、意図的に韓国軍四個師団増設の表明を保留し、韓国軍指導者の前で国連軍の撤退可能性をほのめかしておく。クラークらは、米軍の支援がないまま李承晩に従う韓国軍指揮官はいないと想定していた。実際に、テイラーは国連軍の撤退可能性を米軍指揮官に伝えるなど、情報の流布を始めた。また、捕虜を一定の収容所に集め、韓国への戦闘物資輸送を遅らせ、四個師団増設計画を一時停止し、前線から釜山の間に新規の基地建設のために調査を始めるなど、撤退計画の信ぴょう性を高める行動をとった。さらに、国連軍の秘密工作に従事する韓国人要員の一部の任務解除を行い、釜山へ水陸両用艦艇の再配備を進め、休戦協定交渉が失敗したときに備えた緊急事態への対応について韓国軍指導者との会合をもった(24)。

ロバートソンは、七月一日、李承晩からの書簡を受け取った。新たな要求に言及したものの、李承晩は米側への融和的姿勢に傾いていた。その主張は、米国が朝鮮統一まで一緒になって戦ってくれる確約を示してもらえれば、韓国政府が休戦協定締結に向けて障害とならないとする取り決めを準備するとの趣旨であった(25)。国連軍の撤退をにおわすクラークやテイラーの工作が効果を上げげたため、李承晩の対米交渉力が低下したのは明らかだった。

翌二日、ロバートソンは新規に包括的覚書草案を作成して、その翌日の七月三日に李承晩へ送った。六月二七日に一旦合意をみた覚書とほぼ同様な内容であった。米国が、相互防衛条約締結、二〇個師団増強、復興のための経済援助、休戦協定締結後の政治会議をめぐる李承晩との協議に応じることに加え、政治会議が実質的進展をもたらさないときに九〇日以内の会議からの離脱などを約束した。同時に、韓国は捕虜の非武装地帯への移動、捕虜の希望による残留と送還をすすめること、相互の同意による終結が決定されるまでは韓国軍に対する国連軍の指揮権（authority of the UNC）を承認し、韓国軍を国連軍の指揮下（under the control of UNC）におくと約束した。ロバートソンは李承晩に対し、政治会議が失敗に終わったとしても米大統領が戦闘再開をするというコミットメントはできないと述べていた[26]。

李承晩はロバートソンの草案に対し、休戦協定締結より先に相互防衛条約締結を急ぐようにとの要求を行った。ダレスは、休戦協定への韓国の協力があればこそ条約批准も早まるとの説得を李承晩に行い、早期の休戦協定締結を目指した[27]。

最終的に李承晩は、七月九日、ロバートソンとの会談で休戦協定を受け入れることを表明し、合意事項を書面にて確認しあった。クラークは、時限をつけずに韓国軍の指揮権が国連軍に残されたことが、休戦協定締結後に韓国単独での戦闘遂行を困難にした点で一〇〇万ドルに値すると評価していた[28]。

七月二六日、国連軍と中国軍・北朝鮮軍との間で休戦協定が署名された。休戦協定そのものは暫定的な取り決めであって、朝鮮半島の平和体制に関する政治的な解決を意図する取り決めにとって代わるものとされていた。米統合参謀本部の見通しでは、その政治的な解決を図るのは困難だとし、しばらくの間は休戦協定が効力を持ち続けるだろうとされていた[29]。

4　休戦協定後の米軍

アイゼンハワー政権は、休戦協定後のアジア政策について検討を進めていた。国家安全保障会議（National Security Council: NSC）は、一九五三年七月二日、これからの中国の評価と朝鮮半島での米軍の基本態勢についての検討作業（NSC 154/1）に着手した。

そこでは、朝鮮半島だけでなく台湾やインドシナを含む極東全域を対象としたとき、いずれの地域でも中国の今後の動きが重要視されていた。そして、朝鮮半島での休戦協定締結が中国の基本的目標とその目標達成のための軍事力の使用に変化をもたらすものでないとの前提に立ち、米国は中華人民共和国の国家承認を保留し国連加盟を拒否しつづけるべきだとの勧告が出された。そこでは、韓国における国連軍は維持される。同時に、国連軍に派遣する国の負担を引き起こすと判断されていた。韓国は今後も米国から軍事的、経済的支援を受け、同時に米比条約やＡＮＺＵＳ条約のような軍事的保証を享受するだろう、とみられていた(30)。

朝鮮半島の米軍の基本態勢を取り上げたNSC 157/1では、休戦後の韓国に対する米国の目標を明示していた。それによれば、戦争を終わらせるための政治的解決が米国の目標になるとしており、実質的に韓国政府のもとで西側に傾倒する統一された中立国・韓国を目指すことであった。統合参謀本部は中立化ではなく、統一された韓国に向けての様々な支援を行うべきだとして、異議を唱えた。国家安全保障会議では、中立化によって韓国から米軍が撤退することが重要ではなく、むしろ朝鮮半島における全面戦争において米国が韓国を防衛することが必要なのか疑問視された。韓国の中立化を宣言することは望ましいとしても、アイゼンハワー政権が韓国との相互防衛条約締結を準備している段階では韓国を中立化させるのか、あるいは西側の一員とするのかのいずれにも対応する必要性を感じていた。朝鮮統一を念願している李承晩が、韓国単独でも軍事的手段を行使すると公言していたからである。アイゼンハワー大統領の周辺では、米国に韓国が軍事的かつ経済的にも依存しているにも関わらず、李承晩は米国の傀儡ではないと主張し、統一という国家目標の実現を目指している、と見ていた。(31)

米韓の相互防衛条約締結に向けての交渉は、一九五三年八月のダレスの韓国訪問を皮切りに始まった。協定調印後から九〇日以内に同会議からの米国脱退の日程である一〇月二七日が近づいてきた。李承晩が休戦協定を受け入れる際の条件の一つであった政治会議は何らの成果を生んでいなかった。政治会議での不毛な議論が交わされているなか、一〇月一日、米韓は相互防衛条約調印を迎えた。その席上でダレスは、調印だけでは条約発効に至らず、米上院での批准が不可欠であると述べ、それまでの間、国連軍が韓国軍の指揮権を持つと念をおし、相互防衛条約でもって韓国の望む統一が実現するわけでもなく、要求する援助が得られるわけでもないと釘を刺した。(32)それは、朝鮮半島への関与に慎重なアイゼンハワー政権の態度を表していた。

国家安全保障会議での中立化から同盟関係への明確な方針移行は、李承晩による単独軍事行動への対応策のなかで浮上し、政治会議からの脱退期日が経過したのちに決定された。

韓国での危機時における国連軍の対応（NSC 167）について検討が開始された。統合参謀本部は、次の四つの対応を提案した。まず、李承晩に対し、北朝鮮へ向けての軍事行動を起こした場合、国連軍は支援しないこと、すべての経済援助を停止すること、国連軍の関与を回避するすべての措置をとること、などを通告する。つぎに、李承晩が一方的に行動をとる意図を先に把握し、前線にいる韓国軍指揮官への李承晩からの命令伝達を阻止する。そして、前線にいる韓国軍指揮官が李承晩の命令を実行しないよう措置をとる。最後に、李承晩が攻撃を実施に移した場合、すべての経済・軍事援助を終了させ、米民間人の避難を行い、同時に共産勢力に対し国連軍は休戦協定を守ることを通達する。

国家安全保障会議は、一〇月二九日、暫定的に以上の措置をとることを承認した。また国家安全保障会議は、もし李承晩から国連軍撤退の可能性を尋ねられたとき、国連軍司令官は韓国からの協力が得られないならば司令官自身が撤退について判断すると伝える、と決めた。加えて国家安全保障会議は、李承晩に一方的な単独軍事行動を取らせないためのあらゆる努力を払うこと、もし李承晩が拒絶するときに米国は撤退の意図を李承晩に明らかにせずに独自に撤退を始める、と決めておいた。(33) ハル(John E. Hull) 国連軍司令官（東京に司令部をおく米極東軍の司令官でもある）が、一〇月三一日、暫定措置の指示を受け取った。

国家安全保障会議は、一一月二日、先のNSC 167を改定して危機時における米軍の軍事態勢のあり方の検討を継続した。改訂版となった一一月六日付のNSC 167/1は、李承晩の単独行動が開始されたとき、中国・北朝鮮に対し国連軍は支援しないこと、ただし国連が攻撃を受けた時はその限りではなく、その反撃は朝鮮半島に限定されない、と警告することを勧告していた。統合参謀本部によれば、共産勢力がいかなる形であれ国連軍と交戦すれば、中国への攻撃も辞さないとされていた。しかし、国連軍の反撃の際の戦域を明示した箇所は削除されて、さらなる改訂版NSC 167/2となり、大統領の承認を得た。

5　朝鮮半島への基本姿勢

このNSC 167/2のなかで対朝鮮政策を明示する箇所が取り出され、NSC 170として米国の朝鮮半島への基本姿勢を規定する草案となった。ここでは、朝鮮を代表する政府のもとでの統一および中立国・韓国が望ましいこと、いかなる攻撃を受けたときにも韓国を守る米国の決意を表明すること、などが確認された。しかし、中立化については、統合参謀本部ではますます疑問視されるようなっていた。そこで統合参謀本部は、ウィルソン（Charles E. Wilson）国防長官宛ての一一月一七日付の覚書において、少なくとも、中立化は韓国防衛に必要な軍事力の維持・発展に際しての韓国支援の米国の権利を拒否するものとして使われるべきではない、と表明していた。最終的に、この統合参謀本部の見解を取り入れて国家安全保障会議は、一一月一九日、米国にはいかなる朝鮮問題の解決に向けての経済的、軍事的援助の提供も許されるとの旨の表現を組み入れたNSC 170を承認した(34)。これにより、米国の韓国防衛への関与が決定された。

このように朝鮮半島への基本姿勢は確認されたものの、再び軍事行動が行われる際の米軍の戦闘範囲が未決であった。休戦協定が締結される以前から、危機に際しての国連軍の戦闘範囲については統合参謀本部と国家安全保障会議との間で検討が進められていた。統合参謀本部は、五月二〇日の段階で、休戦協定交渉が失敗に終わり戦闘が拡大したとき、これまで朝鮮半島に限定してきた戦闘範囲を拡大し、中国や満洲での航空作戦と朝鮮半島の腰部（ほぼ平壌《ピョンヤン》北部から元山《ウォンサン》・興南《フンナム》のあたり）まで占拠する地域を確保するため地上作戦を主体とした攻勢に移るべきだ、と主張していた。

上述したように、国家安全保障会議は政治会議から米代表が脱退した一〇月二七日の二日後に暫定的措置を決め、引き続いて国務省の協力を仰ぎつつ本格的な検討を統合参謀本部に開始させた。陸軍、海軍、海兵隊は、核兵器使用を特別条項に加えた五月に作成された計画を支持した。空軍は、北朝鮮と中国に対する大量の戦略核、戦術核による攻撃を主張した。一一月二七日、統合参謀本部の検討結果は、空軍の提案を採用して、侵略者を排除するだけでなく、西側の一部となる統一朝鮮の誕生に寄与する状態を作り出すことを目的とすべきだとした。目的遂行のために、中国、満洲、北朝鮮において核兵器を含む大規模な航空作戦を展開し、続いて地上、航空、海上での軍事行動を行う旨の内容であった。事前の必要な準備の一つとして、核兵器使用についての大統領の承認を得ることとされていた(35)。

この作戦計画案について国務省は、核爆弾をまき散らして共産勢力の軍事力を削げるのかどうか疑問だとした。むしろ、北朝鮮に攻撃目標を限定する必要はないものの、共産勢力が朝鮮半島での軍事行動ができないようにするための限定的な範囲での作戦が好ましいとした。国家安全保障会議での検討が、一二月三日に行われ、ダレスは統合参謀本部の提案する作戦計画について、ソ連の介入を招くばかりか、多くの国の支持を得るのは困難だとして反対を表明した。作戦計画をめぐって国務省と統合参謀本部との間で調整を図ることで、検討は終わった。統合参謀本部からの一二月一八日付けの提案は、朝鮮半島での作戦に直接的に寄与するとき、朝鮮半島内で限定された攻撃目標に対し航空機からの核兵器による攻撃を行う、とされていた。国務省との協議を経て、一九五四年一月八日、国家安全保障会議では、定期的な見直しを行うとしながらも、韓国防衛のために核戦争を辞さないとする方針を決定した(36)。

アイゼンハワーの追求した「名誉ある休戦」は、朝鮮半島での一時停戦を実現させたものの、米国の朝鮮半島への関与を拡大させ、朝鮮半島に絡む米国益のあり方を変更させることになった。とりわけ、地域を限定したとはいえ、核兵器使用の敷居をまたぐことを許容するほど米国の韓国防衛は確定的なものへと変わっていた。

6 ニュールック戦略と朝鮮半島

健全な米経済力に見合った軍事力は、米軍再編を進めているアイゼンハワー政権にとって重要な課題であった。アイゼンハワーは、軍事力を拡大してソ連に対抗することにより経済の疲弊を招くよりも、経済の健全さを維持出来る範囲に軍事費を抑えつつ、冷戦を戦うとの基本的な考えに立っていた。その実現が、大統領選挙での公約であった。トルーマン政権下で始まった冷戦と朝鮮戦争のために膨張した軍事費をいかに抑えるのかが、重視された。それを背景として、朝鮮戦争での転換となる「名誉ある休戦」が追求されたのだった。

休戦協定の締結は、国連軍の朝鮮半島からの撤退を検討課題に押し上げた。当時の米国は、韓国とその周辺に多くの米軍要員を配置していたが、その主力が地上兵力であった。軍事費削減の対象は、陸軍と海軍と海兵隊とされた。それに代わり重視されたのが空軍だった。減額された軍事費でもって冷戦をいかに戦うのかが、最重要課題となった。アイゼンハワー政権では、核兵器導入を全面的に行い、兵力削減による代替を図ることが目指されることになる。核兵器使用を含む韓国防衛への米国の関与は確認されたが、具体化は今後の課題となっていた。休戦協定以降の韓国における米地上兵力撤退の代わりとして、具体的な戦術核兵器の導入が検討されるのである。

統合参謀本部での軍事力の段階的削減計画の検討結果が、一九五三年一二月一〇日にJCS 2101/113として承認された。四軍の中で最も陸軍の削減が大きかったため、朝鮮半島での米軍の削減となって現れた。確かに、朝鮮半島へ派遣された米地上部隊の撤退がアイゼンハワー政権の公約実現の一つであった。あわせて、ヨーロッパでの地上兵力削減も進められていた(37)。

休戦協定締結は直ちに米軍撤退へとつながらなかった。休戦後の状態の見通しがつかなかったからである。国連軍撤退に際して、李承晩が要求するであろう国連軍指揮下から韓国軍を外す際には慎重さが必要だとされた。また、米軍の撤退に伴う韓国軍の増強問題もあった。いずれの場合でも米国の韓国防衛への信頼ある関与の表明が求められることになる。

かつて国連軍司令官として朝鮮戦争を戦いアイゼンハワー政権での米陸軍参謀長となったリッジウェイ（Matthew B. Ridgway）は、休戦下にある朝鮮半島での戦闘再開の事態を想定した、米軍の再投入を考慮に入れた撤退計画を準備すべきだと考えた。なぜなら、一九五〇年の国連軍の戦い方が戦略的な平和への失敗、全面的規模への続行の失敗、総力戦への危険性を孕んだ点などの反省に立つべきだと、リッジウェイは考えていたからである。戦闘が再開されるとき、全体的な戦略的計画に基づいて戦力投入を行うべきだと考えていた。撤退する際には、米国は韓国防衛への全面的な関与の声明を出す必要があるとも考えていた。これを受けて、一一月一七日付の統合参謀本部での検討によれば、現時点の兵力規模の展開では不十分であり、朝鮮半島での戦争あるいはソ連の介入を含んだ戦争に対応できる即応体制を想定して、韓国に米二個師団と混成の国連軍の一個師団を配置することとされた。(38)

休戦協定締結時点で、米陸軍の全兵力二〇個師団の内、韓国に七個、日本に一個、海兵隊は韓国に一個を派遣し、日本へ一個師団を輸送中だった。一九五四年四月一日に統合参謀本部は、以下のような極東からの段階的な撤退計画を承認した。

陸軍は、七個師団の内一個を韓国に残し、一九五四年一二月までに二個の州兵師団（第四〇、第四五）を米本土カリフォルニアへ、一個師団（第二四）を日本へ、一個師団をハワイへ、二個師団を米本土へ。

海軍は、一九五四年四月までに戦艦一隻、航空母艦二隻、駆逐艦八隻、二個警戒飛行隊、同年七月前に追加の駆逐艦一二隻を西太平洋から撤退する。

海兵隊は、一九五五年七月から九月にかけて一個師団を米国領内へ。

空軍は、一九五四年九月までに兵員輸送航空団一個、同年六月までにローテーション配備の戦略空軍所属戦闘航空団一個、五四年から五五年にかけて戦闘爆撃航空団二個、軽爆撃航空団一個、戦闘迎撃航空団一個と三分の一個、さらなる検討により追加する。

この計画は、一九五四年四月七日、インドシナでの情勢変化のため、州兵師団二個と少数の海軍艦艇を除き全て延期された。インドシナでの緊張が低下したため、国防長官のウィルソン（Charles E.

Wilson）は七月二六日、同年内に完了するよう計画再開を承認した。同時に、ウィルソンは韓国と日本にそれぞれ二個ある海兵師団の内、一個を韓国に残し、もう一個を沖縄に配備するよう求めた。沖縄から韓国へ派遣された陸軍連隊戦闘チームは沖縄に戻らず、ハワイへ移動するよう求めた。また、空軍や海軍の撤退計画の一部変更を求めた。結果として、韓国に地上兵力は米二個師団（一個陸軍、一個海兵）、航空兵力は海兵航空団一個（第一海兵師団指揮下の第一航空団）、空軍の戦闘航空団九個、兵員輸送航空団二個が、それぞれ残留することになった。加えて、国連軍の一部として英連邦軍の混成師団一個とその他の派遣の軍隊で構成される小規模部隊が韓国に残ることとなった。

さらに、ウィルソンは、一二月九日、統合参謀本部との協議を行わず自ら撤退計画の修正を行った。その時点まで韓国に残留する予定だった第一海兵師団を米本土に戻し、その代わりに日本に配置された二個の陸軍師団の内、一個を韓国に残すことにした。第一海兵師団を韓国の防衛任務に貼り付けるよりも、米本土に戻して米国の機動性のある戦略予備の兵力強化に加えるべきだとの判断であった。極東における米地上兵力は、陸軍師団三個、一個連隊を欠く海兵師団一個となった。

一九五四年内完了となる韓国からの撤退計画について、一二月三一日付の統合参謀本部の進捗状況を記す報告書は、韓国での地上兵力二個師団態勢のよりもさらにスリム化を図る勧告を行っていた。第一海兵師団の指揮下にあった第一海兵航空団は韓国から撤退させ、日本、沖縄、ハワイへ分散配置することであった。その航空兵力の代替として、一九五五年までに撤退予定の空軍の戦闘爆撃航空団二個の内一個を六ヶ月遅らせることにしていた。早速、ウィルソンはこの提案を承認した。この時点で沖縄へは、休戦協定締結時に日本に移っていた第三海兵師団と、韓国から移ってきた第一海兵航空団の一部が移ってくることになった。

韓国に残った地上兵力は以下の通りであった。

第七歩兵師団―第一軍団（米韓合同軍）の予備

第二四歩兵師団―軍事境界線（DMZ）西側地区一八・五マイル担当

第一軍団の砲兵部隊

防空旅団（一個）

ミサイル・コマンド（一個）

兵站コマンド（一個）

地域支援・サービス部隊

その後、第二四師団に代わって、一九五七年一〇月に第一騎兵師団が配備された。第一騎兵師団が一九六五年七月、南ベトナムへ派遣されると、それに代わって、第二歩兵師団が配備された。(39)

アイゼンハワーの公約の実現を目指すウィルソンは、さらなる兵力削減を追求した。これを受けて統合参謀本部は、一九五五年一月一一日極東における米地上兵力を一九五六会計年度までに二個師団以下にし、空軍の一部削減、海軍の四つある航空母艦の一隻削減の提案を行い、直ちにウィルソンの承認を受けた。

ニクソン政権が、ドル防衛の一環として一九七〇年代に韓国の米地上兵力一個師団の削減（第七師団を撤退させ、残る第二師団を第一軍団予備とする）に着手するまで、アイゼンハワー政権時に決定された米軍の二個師団配置が維持されることになった[40]。

7　韓国軍と作戦統制権

韓国からの米軍撤退を実現するには、米軍が担ってきた役割と任務をこなすための韓国軍の増強が、アイゼンハワー政権にとって不可欠であった。同時に、軍事力による南北統一を掲げる李承晩をどのように抑制し得るのかが、大きな課題であった。

確かに、韓国が独自で防衛できる軍事力を持つのであれば、米軍の完全な撤退は可能だと考えられる。しかし、人口と資源の少ない韓国にとって、単独で北朝鮮・中国からの攻撃を排除する軍事力を持つことは困難であった。米国にとって、韓国が軍事力を最大化する努力を払いつつ、限定された目標を設定することが重要であった。韓国の軍事力を補完するための援助を行うのが米国の役割であった。米国の支援で整備されてきた韓国軍は、一九五二年までにこれまでの一〇個師団から一二個師団まで増設され、さらに二〇個師団までの拡大が計画されていた。アイゼンハワー政権は、その後、一四個そして一六個師団へと段階的な増設を承認してきた。その結果が、陸軍六五万五〇〇〇名、海軍一万名、海兵隊二万三五〇〇名、空軍九〇〇〇名の合計六九万七五〇〇名の兵力から成る韓国軍であった。(41)

休戦協定締結後、米軍撤退を契機にして韓国軍の増強問題が本格的に浮上してきた。韓国軍は米国に対し、計画通りの二〇個師団の承認（四個師団増設）に加えて米軍並みの武器・装備の供与を求めてきた。これに対して米側は回答を避けていた。休戦協定履行中に軍事力を拡張することを巡る議論に加え、兵器・装備提供の困難さがあった。とりわけ、増設される四個師団への兵器・装備は、撤退する米軍部隊が韓国軍に残すことによる提供でしか実現できなかった。それは、休戦協定の条項（第一三条c項、d項）において機能が同等程度の兵器交換以外に、新たな兵器の朝鮮半島への持ち込みが禁じられていたからである。また、韓国は海軍、空軍への新たな武器・装備供与に関心を持ったが、米側は複雑な装置が多いためその維持管理に難色を示していた。(42)

統合参謀本部は、一九五三年一〇月六日、四個師団増設計画は実行可能であると判断し、二個師団分の武器・装備は撤退する州兵の第四〇、第四五師団それぞれの武器・装備を充て、残り二個師団は基幹要員だけで編成し、のこる撤退状況に合わせて武器・装備については判断することにした。兵器・装備の移譲は、五四年二月一五日に行われ、新たな師団発足は二月二八日に公表された。(43)韓国は、一九五四年一月二二日、さらなる軍事力増強（一五から二〇個陸軍師団、ジェット戦闘機で構成される航空団など）を要請してきた。三月二〇日にアイゼンハワーが李承晩に対し、この軍事力増強は韓国国民に多大な負担を課す危険性があり、米国としては承認できないだろう、と回答した。

もう一つの課題は、韓国軍への国連軍の指揮権問題であった。米政府内では、韓国との相互防衛条約の発効までに、統一のために韓国軍の指揮権を国連軍から取り戻そうとする李承晩への対応をめぐって検討されていた。国防省内での検討では、国連軍の指揮権を条約発効後も継続するように李承晩に求める案が浮上していた。六月五日付の国防省案を受け取った国務長官のダレスは、このような案では李承晩に代償を要求されるとして、異を唱えた。その数日前にダレスはウィルソンに、もし李承晩が国連軍の指揮下から韓国軍を引き揚げると決定した場合、国連軍はどのような措置が取れるのか、と尋ねていた。ウィルソンは、素人考えだと前置きをして、韓国軍に対する兵站支援を停止し、より必要なことは韓国軍が国連軍の指揮から外れたとき起こることを劇的に強調してみせることだ、と答えた。こうしたなかワシントンでは、六月一一日付のハルの分析による見通しに注目が集まった。ハルによれば、米国との協議を経ないで李承晩が単独での軍事力行使に走る可能性は少ないとしながらも、南北の分断された状態を放置しないだろう、とも判断していた。直接的な北朝鮮への攻撃よりも、李承晩がアジアの反共国家との同盟強化を通じて建設的で長期的な展開に関心を抱くよう転換させるべきだと判断していた。その上で米国にとって適切な対応は、米軍の撤退を急ぐことだと指摘した。上述したように、七月二六日に撤退は再開され停止していた撤退計画を再開すべきとの勧告を行った。

れた。

アイゼンハワー政権は李承晩を米国に招待し、七月二六日のワシントン訪問が決まった。首脳同士の会合だけでなく、李承晩に同行してきた韓国軍指導部と米側の国防長官、統合参謀本部議長、極東軍司令官らのと会合が持たれた。李承晩に対し韓国軍への最大限の支援と同時に国連軍の韓国軍への指揮権保持の提案が米側から出されたが、李承晩はこれに回答せず、会談終了後の共同声明では有意義な意見交換だったとして発表した。だが、軍同士の協議後に、駐米韓国大使がまとめた合意議事録において、国連軍が韓国防衛に責任を負う間、韓国軍は国連軍の作戦統制権下（under the operational control of the UN Command）に留まると記されていた。この合意議事録は、九月九日の国家安全保障会議で承認された。ここでは指揮権（control）ではなく、作戦統制権（operational control）という用語が登場している。

8　核兵器の韓国配備

休戦協定後の極東における封じ込め戦略を決定づけた基本方針は、一九五四年一二月のNSC 5429(44)において承認された。そこでは、極東における主要な問題として、中国、北朝鮮、北ベトナムなどの大陸部での共産主義の拡大が米国の利益への脅威だと規定された。この地域の領土的、政治的保全のために、米国の安全保障に不可欠な構成としての大陸に沿う島嶼地域防衛網を維持するとした。その島嶼地域には、日本、琉球、台湾、澎湖諸島、フィリピン、オーストラリア、ニュージーランドなどが含まれていた。韓国への武力攻撃が起きたとき米国は、憲法の手続きにしたがって軍事力でもって侵略者を排除する。平和的手段による南北の統一を支持し、韓国による武力攻撃開始を抑える適切な措置をとりつつ、米国の利益と韓国の協力に応じて軍事、経済の援助を継続する、とされた。ここでは、韓国は前線国家の位置づけであり、その後方において保全、維持される島嶼部防衛が描かれている。その後の朝鮮半島への米国の基本姿勢が確立されたといってよいだろう。

拡大する中国の影響が具体的に朝鮮半島において展開していた。休戦協定にて朝鮮半島への新たな兵器の持ち込みが禁止されているにもかかわらず、中国は、北朝鮮へ新型兵器や航空機を提供していた。米情報機関によれば、一九五四年末までに北朝鮮の空軍は、旧満洲（中国北東部）に配備されたのを含めて三四〇機に増強され、さらに四五〇機へ拡大され、そのうちの二二〇機はジェット機であり北朝鮮内に配備されていた。地上兵力では、従来の火砲に新規に一万を超える大砲と迫撃砲が追加されていた。(45)

こうした休戦協定違反を本来なら調査するはずの中立国監視委員会の現地調査チームは立ち入りができない状態にあった。中立国監視委員会は、国連軍が任命するスウェーデンとスイスの将校各一名と北朝鮮・中国が任命するポーランドとチェコスロバキアの将校各一名の合計四名で構成された。そのもとに二〇個の調査チームが編成されていた。南北それぞれに調査地域となる五箇所に加え、軍事休戦委員会（Military Armistice Commission: MAC）においていずれか一方の代表の要請があれば、朝鮮半島どこでも現地立ち入り調査が行われるとされていた。しかし、北朝鮮における立ち入り調査の多くは、ポーランド、チェコスロバキアの反対や北朝鮮の受け入れ拒否により実施されなかった。他方で、新たな兵器・装備の持ち込みの立ち入り調査受け入れを求められた国連軍は、相互の現地立ち入り調査のあり方を疑問視するようになった。当時の国連軍司令官のレムニッツアー（Lyman L. Lemnitzer）は、一九五四年五月と八月に統合参謀本部に対し、休戦協定第一三条c項とd項の撤廃と中立国監視委員会の廃止を求めるよう勧告した。軍事休戦委員会にて北朝鮮・中国側が反対あるいは無視するとき、一方的に国連軍が廃止宣言を行う手順が含まれていた(46)。

この勧告により国連軍に軍隊を派遣している一六カ国間の協議が開始されたが、休戦協定の失効につながりかねないとの主張が出て、翌一九五五年二月まで結論に至らなかった。結局、一九五五年二月二四日、兵員の移動を規定したc項は残しつつ、北朝鮮・中国による新規の兵器・装備の導入を禁じたd項違反を公然化するも、中立国監視委員会の規模縮小と軍事境界線への活動範囲を限定する合意が出来上がった。それに対し中立国監視委員会のメンバーのスイスは、三月二日、活動範囲の限定について異義を唱えていた。一方で、休戦協定に批判的な李承晩は、スパイ活動を行っているとして中立国監視委員会とその調査チームの韓国内での活動を敵視していた。レムニッツアーも中立国監視委員会の廃止要求を強め、ワシントンでは統合参謀本部と一六カ国会合の合意を重視する国務省との対立が生まれていた。とりわけ、旧式化した兵器に代わり一九五七年に新たな航空機や兵器を韓国へ配備する計画を立てていた統合参謀本部は、レムニッツアーを支持することになった。一〇月一五日を締め切りとして、中立国監視委員会メンバーのスウェーデンとスイスの了解をとりつけることになったが、外交的努力は成功しなかった。統合参謀本部が主張してきた休戦協定第一三条c項とd項の停止と中立国監視委員会の機能縮小が、一九五六年五月三一日、国連軍司令部から一方的に発表された。中立国監視委員会は、六月八日に韓国から調査チームの撤退を命じた(47)。

中立国監視委員会の撤退は、統合参謀本部にとって兵器・装備の韓国配備の号令として映った。国防長官は、六月二七日、韓国へ送る兵器・装備リストの作成を指示した。しかし、同時に国防省内では韓国への兵器・装備の配備については慎重な対応が必要だとされ、また第一三条c項とd項の一方的な停止宣言への国務省の同意が不可欠だとされた。九月一一日、国防省、統合参謀本部、国務省の間で韓国の兵器近代化計画が検討された。

統合参謀本部が提案した航空機・兵器リストには、新型のジェット戦闘機や輸送機に加えて、一五五ミリ砲、核砲弾発射の二八〇ミリ砲を装備する各一個大隊、核弾頭搭載地対地ロケットのオネスト・ジョン装備の一個中隊、核・非核弾頭地対空ミサイルのナイキ装備の一個大隊が含まれていた。国務省は、とりわけ二八〇ミリ砲とオネスト・ジョンは核能力をもつため、中国が同様な核搭載兵器を導入した場合を除き正当化が困難であるとしていた。そもそも休戦協定第一三条c項とd項の停止が有効か否かの溝はあるものの、両省の間で一九五六年一一月二九日、上記二つの兵器を除きリストは合意された(48)。

アイゼンハワーは非核の通常兵器のみのリストを、翌年一九五七年六月一三日になってから承認した(49)。国連軍司令部は、同年六月二一日、軍事休戦委員会にて北朝鮮に対し軍事バランスが相対的に回復したことを根拠にして、休戦協定第一三条d項による制限に縛られる必要はないと表明した(50)。同じ日に、国防費の上昇を抑制し、米軍の報復能力向上による抑止力を図るアイゼンハワーの方針に従って、国連軍司令官のレムニッツアーと駐韓米大使のドーリング（Walter C. Dowling）は李承晩に会って、在韓米軍の削減と韓国軍の削減を申し入れた。李承晩は、韓国軍削減には強い拒否を示した(51)。

核兵器の使用をも辞さない韓国防衛への関与を確認し、またニュールック戦略のもとで地上兵力への戦術核兵器の装備（ペントミック師団への転換）を進める一方で、アイゼンハワー政権は韓国への核兵器の配備には慎重な姿勢を崩さなかった。

在韓米軍の装備近代化の必要性を主張する統合参謀本部は国防長官のウィルソンに対し、七月一七日、アイゼンハワーがリストから削除した二八〇ミリ砲とオネスト・ジョンの配備承認を求めるよう、再度、要請した。アイゼンハワーの六月一三日の決定を理由にして、国家安全保障会議の計画会議(Planning Board) はその要請を却下した(52)。

9　撤退の補完として核装備部隊の増派

統合参謀本部は、一九五七年七月から八月にかけて、二八〇ミリ砲とオネスト・ジョンの韓国への配備を執拗に要求していた。根拠とされたのは、李承晩からの軍事援助増額要求に対抗するだけでなく、八〇〇〇名の米軍要員削減が可能となるとの主張であった。軍事援助により韓国軍の増強を図りたい李承晩を説得するため、ダレスはこの二つの兵器の配備と韓国軍削減との取引を模索した。ウィルソンは、兵器配備が米軍削減と韓国軍削減を同時に実現させる方法だとみていた。八月八日に開催された国家安全保障会議にて、在韓米軍の抑止力を高めることを目的としたこれらの兵器の配備は、国務長官と国防長官との協議を経て大統領が後日、決定するとされた。[53] そして、九月一六日、国務・国防の合意として、（1）在韓米軍の第七歩兵師団、第二四歩兵師団を核戦争時代に即応して砲兵に核兵器を導入したペントミック師団に転換し、オネスト・ジョンを装備する第一〇〇野砲大隊と二八〇ミリ砲を装備する第六六三野砲大隊の韓国配備、（2）少なくとも一個航空団規模に相当する米空軍機を日本と韓国の間でのローテーション配備などが決定された。[54] 沖縄では、一九五五年七月三〇日、二八〇ミリ砲六門を装備する第六六三野砲大隊が配備されていた。[55] その第六六三野砲大隊が、沖縄から韓国へ移駐したのであった。

国務・国防両省の合意として国連軍司令部に対し、一九五七年一二月一一日、李承晩への韓国軍削減要求とは別に、九月一六日の在韓米軍強化の決定が伝えられた[56]。ただ、その公表は李承晩の反応を見るまでは伏せられたが、翌一九五八年一月七日、プレスからの問い合わせがあるとき、詳細は伏せて、存在を認めてもよいとの指示を国連軍司令部は受けた。

これら米陸軍の核・非核両用兵器の配備に加えて、同年一月二一日、巡航ミサイルのマタドールを装備する米空軍の第五八八戦術ミサイル・グループの配備が決定され、一九五八会計年度の下半期中に一部移駐が開始され、一八ヶ月後に完了するとされた[57]。沖縄にもマタドール装備の戦術ミサイル・グループの配備計画が一九五七年五月以降、進められていたが、狭い沖縄での要地確保に時間を要し、またマタドールの後継のメースBへの変更と重なったため、その配備は一九六二年まで延びた[59]。

李承晩は、一九五八年五月三一日までに二個師団の解体を進める条件としてジェット機装備の三個飛行隊を米国に要求してきた。米韓交渉の結果、上限七二万名の韓国軍の兵力を一九五九会計年度中に六三万名に減らすことに合意した。同年八月には、国家安全保障会議では韓国軍の段階的削減が了承されていた。しかし、同時期に始まっていた日本との安保改定交渉において在日米軍基地の使用に制限が加えられることが予想されていたため、アイゼンハワーは、一九五九年七月一日、韓国軍の削減停止を決定した[60]。

10　在韓米軍削減に伴う在日米軍の削減

アイゼンハワー政権は、日本の再軍備が実質的に進展するものだと予想していた。一九五七年までに日本からの米軍削減が実現し、その後の在日米軍基地は機動的な戦略予備の兵力拠点となると想定していたのである。戦後復興を進める日本は一五個師団、三〇万トンの艦船、三六個飛行隊までの軍事力を期待されていたが、アイゼンハワー政権の予想を大きく下回る六個師団、六万二〇〇〇トンの艦船、四個飛行隊でしかなかった[61]。

在日米軍の再配置計画

アイゼンハワー政権の対日政策の基本は、一九五五年四月九日付のNSC 5516/1[62]において記されている。それによれば、これまでの依存からパートナーシップへ日米の安全保障関係の転換を促し、日本が自国防衛の第一義的な責任を負うことは米軍の撤退を可能とする、として日本側の貢献を求めた。当時、米国の施政権下にあった琉球、小笠原などは、極東が緊張状態にある限り返還すべきでない。だが、これらの島々と日本との関係の全面的な再開要望を考慮するとして日本人を宥めるよう努めるべきだとされた。つまり、日本防衛責任を同盟国としての日本に課し、それに伴い日本からの米軍撤退を進めることで、米国の軍事費削減の一助とするニュールック戦略の適用であったといえる。そして、韓国防衛への関与を支えるべく後方支援基地のみならず発進基地を日本に確保することを目指していた。さらに、核兵器、通常兵器を問わずに自由に使える基地を沖縄に確保することで、アイゼンハワー政権はアジアにおける戦略予備兵力の一大拠点を維持しようとしていた。

日本には、一九五七年当時ほぼ一〇万人の米軍が配備されていた。サンフランシスコ平和条約（一九五一年九月八日調印、翌五二年四月二八日発効）以来、朝鮮戦争の休戦協定後に至ってもなお、大規模な米軍駐留が日本のナショナリズムを刺激し、米軍の削減要求を生み出していた。岸信介を首相とする政権が、同年二月二五日に発足以降、サンフランシスコ平和条約と同日に調印された日米安全保障条約から対等性を高めた新たな条約を求め始めた。その準備に向けた岸の訪米が、同年六月に予定された。当時の駐日米大使のマッカーサー（Douglas MacArthur II）は、このときが日米関係の転換点だとして、より対等な関係へ日米が移行できれば岸が日本国内で台頭する中立主義の動きを封じることができると考えていた。(63) マッカーサーは、岸の安保条約の改定要求を契機にして、アイゼンハワー政権下の軍部や国務省の説得にあたり、同時にアメリカの利益を拡大するために対日交渉を牽引していく。

ワシントンでは、一九五七年六月の岸訪米に備えて新しい安保条約の検討が始まっていた。国務省・国防省の作業グループは、米極東軍（同年六月三〇日に廃止）と米太平洋軍の司令官からの示唆に基づき日本の防衛力の弱さを指摘して、安保条約の変更と、沖縄や小笠原の施政権の返還に反対の立場を示した。加えて、条約の改定には日本が適切な防衛力を持つことが不可欠だとしていた。それに対応して、米側は安保条約に規定されていた米国が日本の内乱・騒擾を鎮圧する権利の放棄、日本との米軍基地の共同使用、そして、戦略、兵力、配備、武器や兵站を話し合う高いレベルでの日米の協議機関の設置などを、日本に提案できると判断していた。その中で、統合参謀本部は日米の協議機関において、戦略をめぐる議題を取り上げることには抵抗を示した。実際に設置された機関での協議は日米間の防衛問題に限定され、また参加者は、日本の外務大臣と防衛庁長官に対し米極東軍を引き継いだ米太平洋軍司令官と駐日米大使とされた。統合参謀本部は、日本の防衛力が向上しない限り米軍削減は行えないとの立場を取りつつも、米軍の前方展開に不可欠な基地のある沖縄や小笠原の施政権を維持すれば米軍削減は可能だと判断していた[64]。

岸のワシントン訪問（六月一九日から二一日）の最終日に出された日米共同声明[65]は、日本の防衛力増強、米地上兵力全部の日本からの撤退、日本の防衛力強化に応じた米軍のさらなる削減、そして極東に脅威と緊張が存在する限り沖縄と小笠原の米施政権を継続すること、安保改定を検討する日米の委員会の設置などから成る合意を明らかにした。

岸訪米前までに、アイゼンハワー政権の軍事問題を扱う省庁間の軍事政策会議（Armed Forces Policy Council）は、日本からの公式の求めに応じる形で、米軍の削減を段階的に行い、同時に日本の防衛力増強を加速させる方針を決定していた。ただし削減は交渉事項とはせずに削減全体を提示する、とした。大統領アイゼンハワーの承認を受けて国防長官のウィルソンは、六月六日、統合参謀本部に対し、一九五八年一月一日までの陸軍と海兵隊の戦闘部隊の撤退を含めて、四割から五割の削減の検討を求めていた。それを受けて統合参謀本部は、七月一〇日、日本に駐留する米軍の四〇％相当の三万六六八三名と五〇％相当の四万六五〇八名の二つの削減案を国防長官のウィルソンに提出した。いくつかの修正を経て二つの軍が統合されて、ウィルソンは八月二日の撤退開始を命じた。最後まで残っていた米陸軍第一騎兵師団が一九五八年一〇月一日までに撤退し、米地上兵力は日本から姿を消した。また、日本に配備された米軍の兵力は一九五九年半ばまでに、一九五七年初めに比べて四九％まで削減された(66)。米海兵隊についても、日本に残っていた一個連隊が沖縄へ一九五六年に移駐していた第三海兵師団に合流した。また、同師団を空から支援する第一海兵航空団の一部が、岩国基地から整備完了した沖縄の普天間基地へ一九六〇年に移駐を完了した(67)。

安保改定交渉

日米間の安保改定交渉は、一九五八年八月八日の外相の藤山愛一郎のワシントン訪問で正式に開始した。新条約を検討する国務省に対し統合参謀本部は、交渉前まで当時の安保条約と行政協定そのものを交渉対象とすることに反対していた。統合参謀本部は、条約の一部変更という改定が求められることを想定すると同時に、当面の間、自国防衛の能力を欠き、米国に日本防衛の保障を求めているにもかかわらず、ときに日本防衛への米国の関与を制限する日本に条約改定を求める資格はない、と判断もしていた。統合参謀本部は国務省に対し、九月一〇日、日本との安保改定について、上院の同意を必要としない外交公文の交換による条約の一部修正を行えばよいと伝えていた。ただし、適切な代償が得られるのであれば、軍事的な観点から新たな条約に反対する理由はない、としていた。これらの修正作業のなかにおいて、米国は日本に配備された兵力の運用あるいは日本からの作戦行動に際して事前の日本との協議を行い、国連憲章に合致した兵力運用を誓うこととしていた。ただし、米軍の運用については日本に拒否権を与えることはないとも明言していた。加えて、統合参謀本部は、日本に米軍を継続して配備すること、これらの部隊がアジアでの共産主義者による騒乱に対し作戦行動が自由に取れること、行政協定によって得た米軍の権利が変更されないこと、などを求めた[68]。

これらの要求を受けて新しい条約へ向けての交渉が開始された。草案作成にとりかかっていた国務省に対し、九月二三日、統合参謀本部から行政協定を維持するよう確認の要求が出されていた。また、国務省は国防長官のマックエルロイ（Neil H. McElroy）から、緊急時に限定した事前協議だと日本には受け入れ難いので文言を広範な表現にして、米国の利益となる海軍艦艇の日本寄港や日本外への自由な出撃を明記した記録の作成が求められていた。九月二九日、これらの要求を国務省が了承し、マッカーサーに対し修正した草案を送付した。そして、国務省はマッカーサーに、交渉中に行政協定修正への日本の動きを阻止し、寄港や出撃をめぐる日本との間での討論記録作成を指示した。[69]

日米間の安保改定交渉において、統合参謀本部が注視したのは、以下の四点であった。条約の適用範囲、行政協定、米軍の配備をめぐる協議、在韓国連軍への支援などである。条約の適用範囲については、日本とその周辺に加えて米国のミクロネシア信託統治領やグアムを含めた西太平洋とした米国案に対し、日本は日本の領域に沖縄と小笠原を加えることを要求した。統合参謀本部は、米国の施政権下にあった沖縄と小笠原を含めるとなれば、後に日本からの返還要求を招きかねないと懸念した。ただ沖縄と小笠原の防衛へ日本が関与することは望ましいと判断したため、沖縄と小笠原は条約範囲として入れずに、付属の交換公文の形式においてこれらの諸島への武力攻撃に際しては日米が協議すると定めることで決着した。

日米間の安保改定交渉の結果、行政協定は名称が地位協定へ変更され、税関や課税をNATO軍並にする変更以外は、そのままの内容が引き継がれた。加えて、行政協定の下で作成された日米の合意事項は、変更が加えられない限り、米軍地位協定の下でも有効とされた。[70]

日本にとって最大の目玉となったのが、日本の米軍基地をめぐる事前協議制度であった。[71]条約本体ではなく、付属の交換公文において、（1）米軍の日本への配置、（2）装備、（3）直接出撃のための基地使用などの重要な変更については日本との事前協議を義務づけることで合意した。これらの事前協議の対象をさらに詳細に規定したのが討論記録（Record of Discussion）であった。先にマックエルロイが示唆した記録である。具体的に協議対象となるのは、日本国内での核兵器の貯蔵と配備（「持ち込み」と呼ぶ）のほか、兵站を除く日本防衛以外のための直接出撃とした。米軍機や米艦船の日本への出入りは従来通り認めることとされた。この討論記録は秘密扱いとされてきたが、二〇〇〇年に明らかにされた[72]。

また、国連憲章に合致した兵力運用を行うとする統合参謀本部の方針から、改定交渉の中で、在韓国連軍との関わりによる日本の基地使用について日米間で合意がなされた。まず、公表される交換公文において、朝鮮戦争当時の一九五一年九月八日付の在韓国連軍への日本の支援を記した吉田・アチソン交換公文が有効であるとの確認を行った。そして、一九五七年に設置された日米安全保障委員会を引き継いで新しい条約下に設置される安全保障協議委員会の第一回会合の議事録として、事前に駐日米国大使と日本の外相との発言が作成された。議事録に記された日米合意は、在韓国連軍に対する武力攻撃が起こったとき、そうした武力攻撃への対応として国連軍の統一指揮下で日本に配備された米軍が緊急にとる戦闘作戦行動を、事前協議を経ずに開始できる、としていた。この合意もまた秘密扱いとされたが、二〇〇〇年までにその内容が確認された[73]。

訪米した岸と国務長官のハーター（Christian A. Herter）との間で、一九六〇年一月一九日、新しい日米安保条約（正式には、日米相互協力及び安全保障条約）が調印された。同条約は米国の基地権、米軍の特権などの統合参謀本部が重要視した内容を含みつつも、いわゆる日米の対等の軍事パートナーの道を切り拓いた。[74]

注

（1）ドワイト・D・アイゼンハワー（仲晃、佐々木謙一、渡辺靖訳）『アイゼンハワー回顧録：転換への負託、1953-1956』（みすず書房、一九六八年）, p. 70.
（2）同右、p. 155.
（3）JCS, *History of the JCS*, Vol. 3, *The Korea War*, Part II (hereafter Part II)（Washington, DC, 1998）https://www.jcs.mil/Portals/36/Documents/History/Policy/Policy_V003_P002.pdf. pp. 193-194.
（4）アイゼンハワー、前掲、p. 163.
（5）アイゼンハワー、前掲、p. 163.
（6）Part II, p. 295.
（7）Part II, pp. 212-218.
（8）アイゼンハワー、前掲、pp. 163-164.
（9）Korean War, Part II, p. 220.
（10）アイゼンハワー、前掲、p. 164.
（11）Part II, pp. 221-222.
（12）Mark W. Clark, *From the Danube to the Yalu*, New York, N. Y.: Harpers, 1954, p. 268-271.
（13）Part II, p. 222.
（14）Part II, p. 223.

（15）Part II, pp. 223–224.

（16）Part II, p. 224.

（17）Dwight D. Eisenhower, *The White House Years: Mandate for Change, 1953–1956*, Garden City, N. Y. : Doubleday 1965, p. 185

（18）Part II, p. 225.

（19）アイゼンハワー、前掲、p. 65.

（20）Part II, pp. 228–229

（21）Part II, p. 238

（22）Part II, p. 239.

（23）Part II, p. 240.

（24）Part II, p. 241.

（25）Part II, p. 242.

（26）Part II, pp. 242–243.

（27）Part II. p. 244.

（28）Part II, p. 244.

（29）Part II, p. 261.

（30）JCS, *History of the Joint Chiefs of Staff: The Joint Chiefs of Staff and National Policy*（hereafter *History of the JCS*）1953–1954, Vol. V（Office of Joint History, Office of the Chairman of the Joint Chiefs of Staff, Washington DC: 1986）pp. 223–224, https://www.jcs.mil/Portals/36/Documents/History/Policy/Policy_V005.pdf

（31）JCS, *History of the JCS*, 1953–54, pp. 224–225.

(32) JCS, *History of the JCS*, 1953-54, p. 225.
(33) JCS, *History of the JCS*, 1953-54, p. 226.
(34) JCS, *History of the JCS*, 1953-54, pp. 227-228.
(35) JCS, *History of the JCS*, 1953-54, p. 229.
(36) ibid.
(37) JCS, *History of the JCS*, 1953-54, pp. 26-32.
(38) JCS, *History of the JCS*, 1953-54, p. 230.
(39) USFK (U. S. Forces Korea), *Annual Historic Report*, 1977, pp. 16-23, https://nautilus.org/wp-content/uploads/2011/12/ahr_seventyseven.pdf
(40) 米軍部隊の韓国からの撤退については、二つの段階を経て実施された。地上兵力の第一段階として、一九五四年四月に州兵の第四五師団（装備の一部を韓国軍へ委譲）、同年六月に第四〇師団が撤退。第二段階として、同年八月に発表され、一〇月末に第二五師団、第三師団、一一月に第二四師団が撤退した。米空軍は、地上兵力撤退とともに第一五戦術偵察中隊、第四九戦闘爆撃大隊が日本へ移駐し、同年九月に第五空軍が名古屋へ、第八戦闘爆撃連隊が九州へ、第三戦闘爆撃連隊が佐世保へ、第一八戦闘爆撃連隊がフィリピンのクラーク基地へ移駐した。休戦協定当時、最大三二万五〇〇〇人に達していた在韓米軍は、撤退完了時の一九五七年には、七万人（第二師団、第七師団）へと削減された。鄭勛燮『現代韓米関係史：在韓米軍撤退の歴史的変遷過程　1945-2008年』（朝日出版社、二〇〇九年）七二―七三頁。
(41) JCS, *History of the JCS*, 1953-54, p. 233.
(42) JCS, *History of the JCS*, 1953-54, p. 234.
(43) JCS, *History of the JCS*, 1953-54, p. 235.

(44) Document 478, NSC 5429/5 (December 22, 1954), *Foreign Relations of United States* (hereafter FRUS), 1952–1954, East Asia and the Pacific, Vol. 12, part 1., https://history.state.gov/historicaldocuments/frus1952-54v12p1/d428

(45) JCS, *History of the JCS*, 1955–1956, Vol. VI (Office of Joint History, Office of the Chairman of the Joint Chiefs of Staff, Washington DC: 1992) pp. 212, https://www.jcs.mil/Portals/36/Documents/History/Policy/Policy_V006.pdf

(46) JCS, *History of the JCS*, 1955–56, ibid.

(47) JCS, *History of the JCS*, 1955–56, pp. 215–218

(48) JCS, *History of the JCS*, 1955–56, pp. 218–220.

(49) JCS, *History of the JCS*, 1957–1960, Vol. VII (Office of Joint History, Office of the Chairman of the Joint Chiefs of Staff, Washington DC: 2000) p. 200, https://www.jcs.mil/Portals/36/Documents/History/Policy/Policy_V007.pdf

(50) Document 225, Editorial Note, *FRUS* 1955–1957, Vol. 23, Korea, Part 2, https://history.state.gov/historicaldocuments/frus1955-57v23p2/d225

(51) Document 224 (June 21, 1957), *FRUS*, ibid., https://history.state.gov/historicaldocuments/frus1955-57v23p2/d224

(52) JCS, *History of the JCS*, 1957–1960, p. 201.

(53) Document 239, (August 8, 1957), *FRUS* 1955–57, vol. 23, pt. 2, ibid., https://history.state.gov/historicaldocuments/frus1955-57v23p2/d239, and Document 240, NSC 5702/2 (August 9, 1957), *FRUS* 1955–57, vol. 23, pt. 2, ibid., https://history.state.gov/historicaldocuments/frus1955-57v23p2/d240

（54） Document 247（September 16, 1957）, *FRUS* 1955–57, vol. 23, pt. 2, ibid., https://history.state.gov/historicaldocuments/frus1955-57v23p2/d247

（55） *History of he 313th Air Division*, 1 January through 30 June 1956, p. 115, https://riis.skr.u-ryukyu.ac.jp/images/ddc_P0668-1.pdf

（56） Footnote 2, Document 204（January 8, 1958）, *FRUS* 1955–57, vol. 23, pt. 2, 1958–1960, Japan; Korea, Vol. 18, https://history.state.gov/historicaldocuments/frus1958-60v18/d204

（57） Document 208（January 21, 1958）, *FRUS* 1955–57, vol. 23, pt. 2, ibid., https://history.state.gov/historicaldocuments/frus1958-60v18/d208

（58） *History of 313th Air Division*, July through December 1960, pp. 112–246, https://riis.skr.u-ryukyu.ac.jp/images/ddc_P0676-1.pdf

（59） *History of 313th Air Division*, July through December 1962, pp. 24–27, https://riis.skr.u-ryukyu.ac.jp/images/ddc_P0678-2.pdf

（60） JCS, *History of the JCS*, 1957–1960, p. 201.

（61） JCS, *History of the JCS*, 1957–60, p. 202.

（62） Document 28, NSC 5516/1（April 9, 1955）, *FRUS* 1955–1957, vol. 23, pt. 2, https://history.state.gov/historicaldocuments/frus1955-57v23p1/d28

（63） JCS, *History of the JCS*, 1957–60, pp. 202–203.

（64） JSC, *History of the JCS*, 1957–60, p. 203.

（65） 鹿島平和研究所編『日本外交主要文書・年表　第1巻　1941–1960』（原書房、一九八三年）八〇六頁—八一〇頁。

(66) JCS, *History of the JCS*, 1957-60, p. 204.
(67) JCS, *History of the JCS*, 1957-60, note 30, p. 259.
(68) JCS, *History of the JCS*, 1957-60, p. 205.
(69) JCS, *History of the JCS*, 1957-60, p. 205.
(70) 我部政明『戦後日米関係と安全保障』(吉川弘文館、二〇〇八年)一五二頁—一七六頁。
(71) 事前協議制については、豊田祐基子『日米安保と事前協議制度』(吉川弘文館、二〇一五年)が詳しい。
(72) 我部政明『沖縄返還とは何だったのか』(日本放送出版協会、二〇〇〇年)二〇頁—四四頁において、その存在が明らかにされた。
(73) 同右。その存在は一九九六年には知られていた。坂元一哉『日米同盟の絆』(有斐閣、二〇〇〇年)二五二頁—二六六頁。
(74) JCS, *History of the JCS*, 1957-60, p. 205.

第三章　在韓米軍と在日米軍基地との交差

朝鮮議事録（Korean Minutes）と呼ばれる日米間の非公開の合意事項があった。

第二章で述べたように、それは一九六〇年に改定された日米の相互協力及び安全保障条約の付属文書として首相の岸信介と国務長官のハーター（Christian A. Herter）が署名した「同条約第六条の実施に関する交換公文」により成立する事前協議制度からの例外事項を確認した日米の合意である。

同交換公文によれば事前協議制は、以下の場合に事前の協議の主題となると記している。（1）合衆国軍隊の日本国への配置における重要な変更、（2）同軍隊の装備における重要な変更、（3）日本国から行われる戦闘作戦行動（第5条の規定に基づいて行われるものを除く）のための基地として日本国内の施設および区域の使用などである。（3）では日本の基地からの直接の戦闘作戦行動（直接出撃）が事前の協議対象となるが、ここに設けられた秘密の適用除外事項が朝鮮半島有事の際の米軍の直接出撃であった。

ちなみに、同条約は第五条において日本有事の際には米国が軍事的に関与すると記されているため、その際の基地使用については事前の協議の対象とする必要がなかった。そして第六条において日本の安全と極東の平和と安全に寄与するために、米軍は日本において基地（施設・区域）使用が許される、とされている。日本防衛以外の「極東」の安定のための基地をめぐり日本の発言権を反映させる仕組みが、事前協議制である。

事前協議と同じく改定された条約の付属文書として岸とハーターが署名した「安全保障協議委員会の設置に関する往復書簡」によって設置される日米安全保障協議委員会の第一回会議の議事録において、事前協議制の対象とせずに日本の基地からの米軍の朝鮮半島への直接出撃を日本が了解するという合意を記載したのが朝鮮議事録である。いうまでもなく、同条約が調印される一九六〇年一月一九日以前に、条約、付属文書そして関連取り決めは日米間ですでに合意に達していた。朝鮮議事録は、一月一九日以降に設置される日米安全保障協議委員会で合意されたのではなく、それ以前の一月六日に藤山愛一郎外相とマッカーサー（Douglas MacArthur II）駐日米国大使との間でイニシャル署名により合意されていた。日本側の了解が確約されて初めて同条約の調印へ漕ぎ着けたのである。

1　朝鮮議事録と直接出撃

朝鮮議事録

朝鮮議事録は、以下の通りである。(1)

極秘

本日の安全保障協議委員会の会合にて朝鮮における状況が討議され、以下のようなマッカーサー大使と藤山外相のそれぞれの声明がなされた。

マッカーサー大使：幸運なことに、休戦協定が締結されて以来、朝鮮における国連軍への武力攻撃が再開されていない。我々の期待は、国連の決議に従った朝鮮の平和統一を含む最終解決へ敵対行為が繰り返されることなく至ることである。しかしながら、武力行使の再開の可能性は排除できない。この場合、侵略からの韓国の保護は、国連の継続的有効性にとり不可欠であるばかりでなく、そのような侵略により危険に晒される日本の安全そして極東の他の国々にとって極めて重要である。大規模な武力攻撃の準備を事前に発見することができる一方で、攻撃を加えられる緊急事態の可能性は排除できない。もし米軍が日本から直ちに軍事的な戦闘作戦に着手しなければ、国連軍は休戦協定違反の武力攻撃に対し撃退できなくなる。それゆえに、私は上記で述べた例外的な緊急事態の発生に際して、日本における基地の作戦使用に関する日本政府の見解を尋ねたい。

藤山外相：日本政府は、国連決議に従っての最終的な解決が敵対行為の繰り返されることなく朝鮮にもたらされるとの期待を米国政府と共有する。

私は、岸首相の許可を得て、朝鮮における国連軍に対する攻撃により生起する緊急事態に際し、例外的措置として、休戦協定の違反による武力攻撃に対し朝鮮における国連軍による撃退を可能となるよう、国連の統一司令部の下にある日本にいる米軍によって直ちに行う必要があるとき、日本の施設・区域は戦闘作戦行動のために使用され得るというのが日本政府の見解であると述べる。

東京において、一九六〇年一月六日
藤山愛一郎　イニシャル署名
ダグラス・マッカーサー二世　イニシャル署名

ここでは、日本にいる米軍が事前協議を経ずに朝鮮半島での危機に対応して直接出撃を行えるのは、これら米軍部隊が国連の「統一司令部」の指揮下にあることが条件だとされている。

この国連の統一司令部とは、朝鮮国連軍設置を認めた国連安全保障理事会の決議（一九五〇年七月七日）のなかで米軍指揮下に設置される統一（あるいは統合）軍（unified command）への兵力提供あるいは軍事支援を加盟に求めたことから、統一司令部と呼ばれている。

朝鮮における国連軍統一司令部は、米軍と韓国軍以外に、国連加盟国として、その安保理決議に基づいて派遣された英連邦（英国、豪州、カナダ、ニュージーランド、南アフリカ）、トルコ、ベルギー、コロンビア、エチオピア、フランス、ギリシャ、オランダ、フィリピン、タイ、イタリア、ノルウェー、デンマークなど一六カ国の軍隊の作戦統制権を握っている。しかし、日米間で合意されたこの朝鮮議事録では、あくまでも国連統一司令部の指揮下にある米軍のみを対象としている。日本に配備された米軍は、その指揮官である東京にいる米極東軍司令官が兼任する国連軍司令官の統一司令部の指揮下にある限り、朝鮮議事録の対象であった。米極東軍が廃止（一九五七年六月三〇日）され、統一司令部が東京からソウルへ移されるとき、東京には国連軍後方司令部を設置する必要があった。それにより、日本にいる米軍が統一司令部の指揮下に置かれ、朝鮮議事録の対象となり続けた。その後方司令部はキャンプ座間米陸軍基地（二〇〇九年一一月に横田米空軍基地へ移転、現在に至る）に置かれた。(2)

このように、日本との間で国連軍地位協定を締結する英国、豪州、カナダなどの軍隊の日本の基地からの直接出撃は想定されていない。朝鮮国連軍に軍隊を派遣している米国と英連邦軍以下一〇カ国（フランス、イタリア、フィリピン、タイ、トルコ）の軍隊による日本の基地使用は、次の二つの合意に基づいている。一つが吉田・アチソン交換公文（一九五一年九月八日調印の旧安保条約の付属交換公文、一九六〇年一月十九日調印の安保条約の付属交換公文にて有効だと確認された）であり、もう一つが国連軍地位協定（一九五四年二月調印）である。日本政府が指定する日本の米軍基地を使用することが許されているのは、朝鮮における統一司令部の指揮下に軍隊を送った国の中で、日本との国連軍地位協定に署名した国の軍隊だけである。(3)

国連軍地位協定には米国も署名している。その地位協定対象者は、国連軍後方司令部に勤務する米軍人のみである。日本に配備された米軍は、日本との間の現行の相互協力及び安全保障条約とその第六条に基づく米軍地位協定によって、日本の基地の使用が認められている。現在、国連軍地位協定に署名した朝鮮における国連軍統一司令部指揮下の軍隊は、七つの米軍基地の使用が許されている。横田米空軍基地（東京都）、横須賀米海軍基地（神奈川県）、キャンプ座間米陸軍基地（神奈川県）、佐世保米海軍基地（長崎県）、嘉手納米空軍基地（沖縄県）、ホワイトビーチ米海軍基地（沖縄県）などである。

日本と沖縄の基地からの直接出撃

朝鮮議事録とは、朝鮮有事に際して日本との事前協議を経ずに日本の基地から米軍が朝鮮半島への直接出撃を行うことを日本政府が容認することだった。では、実際に日本の基地から米軍の出撃が行われたのであろうか。

第一章で述べたように、一九六〇年時点で沖縄を除く日本には米地上兵力はなく、一九五七年極東軍廃止により、日本では海軍基地と空軍基地に加えて陸軍の兵站基地などへと米軍は再編された。実際には、日本の基地からの地上戦闘部隊の出撃はなかったものの、米空軍と米海軍では日本の基地から朝鮮半島の緊急事態に連動した警戒活動や訓練が行われてきた。

一九六〇年当時、府中に司令部をおいていた米第五空軍（同司令部は四五年に沖縄、その後日本、韓国、五四年に名古屋・守山、五七年に府中へと移動し、七四年から現在まで横田）の指揮下には、韓国に配備されている第三一四航空師団（烏山）が入るばかりでなく、同空軍が韓国の制空権確保の任務についていた。いうまでもなく、同空軍の指揮下にある第三九航空師団（三沢）、第四一航空師団（横田）、第四三航空師団（板付）、第三一三航空師団（嘉手納）、第三一五航空師団（立川）などが日本・沖縄に配備されていた。(4) 米海軍は、一九六〇年時点で太平洋地域に八隻の攻撃型航空母艦、四隻の対潜支援航空母艦、七隻の巡洋艦、一〇四隻の駆逐艦、四一隻の潜水艦を展開していた。(5) 日本では横須賀、佐世保に海軍基地をおいていた。これらの米海軍基地から韓国周辺海域（日本海や黄海）へ艦船が派遣され、警戒や訓練が行われていたのである。

沖縄へは、一九五六年に日本にいた米第三海兵師団が移った。同師団と韓国から戻った第一海兵航空団とが組み合わされて、海兵隊の陸・空の統合戦力を構成した。その第一海兵航空団の一部（ヘリコプター）が配備される飛行場が、一九六〇年に海軍から移管された普天間基地であった。

米地上兵力を構成する陸軍は、朝鮮戦争の休戦協定以降、予算削減のため人員が削減されてきた。それはヨーロッパやアジアの戦争に際して派遣するための戦略予備（strategic reserve）兵力の大幅削減となって現れた。米海兵隊の地上兵力である三個師団は維持された。これらの地上戦闘部隊は戦略予備とされ、米本土の西海岸に第一海兵師団、東海岸に第二海兵師団、加えて沖縄に第三海兵師団を配備して、ヨーロッパやアジアでの戦争へ投入される兵力として位置付けられていた。米陸軍においても、米本土の米陸軍基地フォート・ブラック（ノースカロライナ州）から、一九六〇年に第二戦闘グループ（2nd Battle Group）が前方兵力（forward force）として沖縄へ送られた。これは朝鮮戦争後に韓国からハワイに配備された第一五歩兵師団の五番目の戦闘グループとしての補強であった(6)。第二五歩兵師団は、米太平洋軍指揮下の戦域予備（theater reserve）としてハワイに配備されていた(7)。その後に、米太平洋軍の戦域予備の兵力として第一七三空挺旅団が、一九六二年に沖縄に配備された。

以下にみるように、朝鮮半島における有事とされたプエブロ号事件に際して米国がとった軍事行動とその計画では、日本からの直接出撃は想定されていなかった。米戦闘機の韓国への増派と米海軍艦艇の日本海への展開が軍事的対応の内容だった。日本に通告した沖縄へのB－52爆撃機配備がなされたが、朝鮮半島への出撃計画はなかった。むしろ、ベトナム戦争を遂行する軍部（ベトナムへ派遣された米軍事支援軍、米太平洋軍、米統合参謀本部）の要求により、これらの爆撃機は沖縄から南ベトナムへ出撃した。沖縄に配備された米地上兵力は、全て一九六五年二月以降、第一陣としてベトナムへ投入されたのである。

つまり、朝鮮議事録の合意に関していえば、大規模な地上兵力の直接出撃が要求されることはなかった。朝鮮半島有事となれば、日本にある米軍の飛行場や港湾を経由しての韓国への移動を含めた、米本土からの兵力派遣が想定されていたのである。それよりもまず、日本からの航空、海上兵力の緊急展開を行うこととされていた。しかし、沖縄の米軍基地から米地上兵力（米海兵隊と米陸軍）がベトナム戦争に投入され、朝鮮半島有事には嘉手納基地の米戦闘機部隊、そのバックアップとして米本土からのB－52爆撃機が配備された。このように、米軍は沖縄の米軍基地を最大限に使用する一方で、朝鮮議事録による日本からの直接攻撃は、海と空からとなり、地上兵力の使用はなかった。その後、基地の自由使用の根拠とされた米国が有する沖縄の施政権が日本に返還されるとき、韓国有事に際しての日本の基地使用をめぐっての日米合意が新たな課題として浮上するのは、米国からすれば、当然のことだったといえる。

2　朝鮮半島危機　沖縄基地の重要性

冷戦下の米海軍は情報収集のために艦船をキューバ、中東などへ派遣していた。一九六七年六月、地中海シナイ半島の北の沖合にてイスラエルとエジプトの間の六日間戦争の情報収集に当たっていた米海軍の情報収集艦リバティ（USS Liberty, AGTR-5）号がイスラエルの戦闘機と魚雷艇の攻撃を受け、三〇名以上の死傷者を出した。イスラエルによる誤った攻撃だったとして謝罪があったものの、この事件によって米海軍による情報収集の実態が明らかとなった。(8) リバティ号は軽補助輸送艦（light auxiliary cargo、排水量七七二五トン）(9・10) を改造した情報収集艦であった。それより小型の軽輸送艦（light cargo ship, 排水量五五〇トン）(11) を改造したプエブロ（USS Pueblo, AGER-2）号とバナー（USS

Banner, AGER-1）号二隻が、遅くとも一九六七年末から日本海において情報収集を行っていた。[13]

日本海での米海軍の情報収集活動

ソ連、北朝鮮に面する日本海と中国沿岸部での米軍の調査・情報収集活動は、米太平洋艦隊（Commander in Chief, Pacific Fleet: CINCPACFLT）の水上偵察作戦の一環として準備・命令され、その指揮下にある在日米海軍司令部（Commander, Naval Force Japan: COMNAVFORJAPAN）がその実施の役割を担っていた。こうした活動は最優先の国家諜報目標を支えるため、米太平洋艦隊の上級にある米太平洋軍（Commander in Chief, Pacific Command: CINCPAC）を介して米統合参謀本部（Joint Chiefs of Staff: JCS）へ報告されていた。在日米海軍司令部では、情報収集艦二隻を第七艦隊の作戦統制権下にある第九六任務部隊（CTF 96）に配備した。具体的な情報収集活動の第一段階として「コメツキムシ（CLICKBEETLE）」作戦がバナー号により実施された。作戦の一環として行われた一七回のパトロールの内、ソ連を対象にして一〇回、北朝鮮を対象にして二回、そして日本海での米海軍による対潜演習への監視活動や中国沿岸部を対象として実施された。その第二段階として「魚（Ichthyic）」作戦がプエブロ号とバナー号によって実施された。二つのパトロールがおこなわれている際に、プエブロ号が北朝鮮に拿捕されたため、作戦は中止となった。これらの作戦の展開中、情報収集艦は第七艦隊の駆逐艦の水上艦艇による警護だけでなく航空母艦からの航空機や第五米空軍指揮下の航空機による警戒が行われるように調整されていた。しかし、プロブロ号の任務が北朝鮮の領海一二浬《かいり》の外の公海上であったため危険性を最小だと判断した在日米海軍司令部は、第七艦隊や第五空軍との事前調整は行っていなかった。(14)

事件の発生とその対応

一九六八年一月二三日の昼過ぎ、北朝鮮の一隻の駆潜艇（subchaser）が元山《ウオンサン》の沖合にてプエブロ号に接近して、停船を命じ、停船しなければ砲撃すると信号で伝えてきた。それに対しプエブロ号は、沿岸から一五・八浬上に位置し、北朝鮮の領海（一二浬）からは三・八浬離れていることから、自らの位置を公海上にあるとの回答を送った。この件は午後一二時五二分に打電されたが、受け取った米海軍の上瀬谷通信所（神奈川県）は中国やソ連のやるいつもの嫌がらせの行為だとして処理した。同時に、僚艦のバナー号もこれを受信していた。

事態が変化したのは、二機のミグ戦闘機と四隻の警備艇（patrol boat）(15)のプエブロ号への接近したときであった。その一隻の警備艇が横付けを試みプエブロ号へ兵士を送り込もうとしたため、プエブロ号は停船を拒否し、急遽、公海方向に船首を向けた。そして、北朝鮮が射撃による攻撃を準備していると一三時二九分に打電した直後に、プエブロ号は操舵室に機銃掃射を受け、数名の重軽傷者を出した。停船したプエブロ号は、北朝鮮の駆潜艇から信号にて、その駆潜艇について来いと命じられると同時に北朝鮮の操舵員をプエブロ号に送るとの指示を受けた。この一三時二九分の電報を受信した上瀬谷通信所から、事件が直ちに在日米海軍司令部へ報告された。一三時五〇分までに、在日米海軍司令部から第五空軍司令部（府中）へ連絡が入り、一四時一五分に当時の司令官マッキー（Seth McKee）中将に報告され、事件はただちに上級司令部であるハワイの米太平洋空軍司令部へ伝えられた。米太平洋軍司令部が事件を把握することになり、直ちに緊急事態対応の態勢がとられた[16]。

その時点で第五空軍は、韓国の烏山《オサン》と群山《クンサン》の基地に六機のF－4Cファントム戦闘機[17]を配備していた他に、沖縄の嘉手納基地に二四機のF－105D／Fサンダーチーフ戦闘爆撃機、那覇基地に七機のF－4B、二六機のF－102デルタダガー機に加えて、日本の横田基地に一九機のF－4C機、八機のF－105D／F機、岩国基地に一〇機のA－4Cスカイホーク機、一〇機のF－4B機、三沢基地に一四機のF－4C機[18]などのすぐに使える七七機[19]の作戦機を擁していた。

第五空軍のマッキー司令官は、一四時四八分、沖縄からF－105を韓国へ発進させるよう命じ、第七艦隊は、一五時六分、元山から四七〇浬離れた東シナ海にいた航空母艦エンタープライズとその護衛艦船に対し対馬海峡へ向かうよう命じた。出撃可能な三五機の攻撃機を準備した航空母艦は、その時点で元山まで約三時間を要する位置にいた[20]。

この間に事態は急速に展開していた。プエブロ号の艦長は、機密文書や機器を破壊するための時間稼ぎのためにゆっくりと航行し、時に停船しながら北朝鮮沿岸へ向かった。こうした行為は北朝鮮の一斉射撃を招き、さらに数名の重軽傷者が出た。まだ文書や機器の破壊を終えていなかった一四時二五分、北朝鮮の操舵員が乗り込んできた。それを伝える最後の打電が、一四時三二分であった。

沖縄の嘉手納基地から米空軍の六機のF－105が、一六時一一分に飛び立った。元山までの飛行時間は九三分であった。現場の日没が一七時三六分で、それまでに残された時間は八五分だった。しかし、これら沖縄からのF－105は武装搭載のため韓国の基地に一時的に着陸せざるを得ず、また航空母艦エンタープライズの艦載機も日没までに間に合わないと判断された。第五空軍は、韓国の群山、烏山に配備された六機のF－4Cに三〇〇〇ポンド爆弾を装備して発進を模索したが、日没までに間に合わないと判断した。また、元山には八〇機の北朝鮮のミグ戦闘機が配備されているとの情報を得ていたため、プエブロ号のその日の救出を断念した(21)。

韓国空軍には、当時、戦闘作戦可能な八四機のF－86戦闘機と四四機のF－5戦闘機を擁していた。韓国軍の作戦統制権を持つ在韓国連軍司令官のボーンスティール（Charles H. Bonesteel）陸軍中将は、プエブロ号救出が成功する可能性よりも衝突の拡大による危険性がはるかに大きいと判断して、韓国軍機の投入をしないと決定した。数日前の一月一七日に軍事境界線（DMZ）を抜けて韓国軍兵士に扮装した北朝鮮の三一名の工作員が韓国大統領官邸（青瓦台《チヨンワデ》）を襲撃する事件が起き、その報復を北朝鮮へ行うか否か米国の対応に注目が集まっていたときだった。もしプエブロ号救出に向かった韓国軍が撃墜されるようなことがあれば、米韓関係の悪化が予想され、北朝鮮への報復の韓国からの圧力が極度に強まると判断していたからであった(22)。

3　対応を急ぐ米軍

プエブロ号拿捕が始まろうとしたとき、ワシントンは、一九六八年一月二二日の夜だった。そして、一斉射撃が迫っているとの報告が届いたのが二三日へと回るときだった。統合参謀本部の作戦担当(J-3)の副部長のマックレンドン（William McClendon）海軍少将と国連軍司令官のボーンスティールの間で秘密回線による電話がつながったのが、午前二時四〇分だった。その時点で、プエブロ号の乗組員は小さなボートへ移され、プエブロ号は元山へ曳航されていた。なぜプエブロ号を救出できなかったのかについて、米統合参謀本部は在日米海軍司令官のジョンソン（Frank Johnson）海軍少将の報告から、在日米海軍司令部から第五空軍に対し航空機の滑走路上での警戒態勢を求めなかったことにあったと理解した。在日米海軍が航空機の警戒態勢を求めなかったのは、それまでの北朝鮮沿岸部でのプエブロ号の一〇日にわたる情報収集活動に対し北朝鮮から何ら反応がなかったこと、東シナ海におけるバナー号への中国による嫌がらせと異なり日本海での任務においては警戒体制を必要としないと判断していたこと、などであった。大統領の指示により設置されたプエブロ号事件についての調査委員会の評価は、艦船または航空機の援護の必要性、領海近くでの情報収集の刷新など、であった。

加えて、統合参謀本部は、もしソ連が米国の領海三浬近くの公海で情報収集活動をすれば米国は強力に抑え込むため、航空機の投入だけでプエブロ号救出に役立たなかっただろうと判断した(23)。

統合参謀本部では、一月二三日昼過ぎに作戦担当部（J-3）が事態分析報告作成の準備を開始した。それによれば、（1）朝鮮半島における南北の軍事バランスの比較に加えて、ソ連と中国の今後の動きについての指摘、（2）特に航空兵力の痩せ細った米軍の兵力態勢の見直しを行い、能力の改善と必要とされるときの態勢構築、（3）不測の事態に際して使用できる海と空の兵力を確認し、さらに増強すべき兵力の決定、（4）領海内であっても北朝鮮船舶の破壊ないし拿捕、奇襲（hit-and-ran）攻撃、プエブロ号の奪還、北朝鮮の港湾への機雷等ないし封鎖、軍事境界線を越えた急襲などの検討が必要とされた。統合参謀本部は、空軍と海軍に対し、北朝鮮沿岸から少なとも八〇浬の距離を保って航行し、航空母艦エンタープライズと護衛艦船は三八度線以南に待機するよう指示した(24)。

統合参謀本部の作戦担当部は、翌二四日に、事態分析報告を完成させていた。通常兵力による南北の軍事バランスについていずれも明白な勝利を得ることはないとし、この事件へのソ連と中国の動きは見られないこと、と判断した。今後の米軍の可能な増強について、以下のような見積もりを立てていた。地上兵力として、米陸軍第八二空挺師団が七日以内、米海兵隊一個師団と一個航空団の九分の六が四〇日以内、同じ米海兵隊兵力の九分の七が五五日以内に韓国へ到着する。海軍兵力として、日本海に二個の航空母艦グループが四日以内、さらに二個の航空母艦グループが三〇日以内に到着する。

航空兵力として、七個の戦術飛行隊が二日以内、そして三日以内に韓国へ一個、沖縄へ三個の飛行隊が到着する。その報告において、兵站態勢が未構築のため敵対行為に対し適切な支援を欠くとして、一連の順序による行動を始めるように特記していた。それは、(1) 板門店《パンムンジョム》の軍事休戦委員会でのプエブロ号と乗組員の返還要求、(2) 非武装のタグ・ボートの元山への派遣、(3) 元山近くでの海空兵力の示威行動、(4) 北朝鮮の軍事や産業施設を攻撃目標とした選択的空爆の実施、などであった。作戦担当部は、軍事行動について (4) 空爆以外の手段は成功の可能性が少ないこと、中途半端の措置であること、大国がとるに値しないことを理由にして、空爆を (2) や (3) よりも先に着手するよう合意されることだとした。これを受けて、二四日の午後、統合参謀本部はベトナムでの軍事作戦に影響を与えない範囲で海空の兵力増強を軸に検討を行った[25]。

同時にジョンソン政権の中枢においてもプエブロ号事件の対応について、二四日の昼前に協議が行われた。国防長官のマクナマラ (Robert S. McNamara)、次期国防長官のクリフォード (Clark M. Clifford)、統合参謀本部議長のウィラー (Earle G. Wheeler)、中央情報局 (Central Intelligence Agency: CIA) 長官のヘルムズ (Richard Helms)、国務次官のカッツェンバック (Nicholas Katzenbach) らが集まって、北朝鮮の意図と米国の選択肢について初めての検討となった[26]。ヘルムズは、この事件を北朝鮮がベトナム戦争の第二戦線を構築する一環だとして読んでいた。カッツェンバックは、プエブロ号拿捕は計算された北朝鮮の攻撃だと描いてみせた。ウィラーは、具体的な行動を勧告することはせず、北朝鮮船舶の拿捕ないし沈没、港湾の機雷埋設、海上交通への懲罰的活動、海空の兵力による砲撃、空爆、軍事境界線の監視所への急襲などの軍事行動はいずれも同時に実行できると述べた。マクナマラは、韓国への兵力増強、予備役の動員とその任期延長権限を議会に要請すべきだと述べた[27]。同二四日夜、大統領のジョンソン（Lyndon B. Johnson）を交えた会合が開催された[28]。そこで国務長官のラスク（David Dean Rusk）から外交交渉による解決を進める提案がなされた。また、マクナマラから朝鮮半島周辺へ米軍の爆撃可能な戦闘機部隊の派遣に加えて、朝鮮半島へ二時間半の航続距離にある沖縄へのB－52爆撃機の派遣の提案がなされた。

翌二五日、ジョンソンを囲んでの朝食会[29]さらには昼食会合[30]にて、マクナマラは予備役の動員命令の権限を求める一方で、国連での外交努力の障害とならないように予備役の配備を遅らせるよう勧告した。それに対しウィラーは、マクナマラの提案とは逆に一七〇機の航空機を韓国へ早急に送り、北朝鮮の沖合に追加の航空母艦キティホークを待機させるべきだとした。そして、兵力増強は必要に応じて行い、同時に外交および軍事の場面において米国はプエブロ号の解放に向けあらゆることを実行するという決意を示すことだとして、マクナマラに反論した。同席していた国連米大使のゴールドバーグ（Arthur Goldberg）は、軍事行動は国連に事態の緊急性を知らせることになるとした。外交交渉に影響が小さく、軍事行動がより効果を増すとの主張を受けて、マクナマラは緊急増派の賛成へ転じた。さらに、同日夜にも会合が開かれた[31]。その場でクリフォードはプエブロ号とその乗組員に同情を禁じ得ないが、朝鮮戦争を再開するには値しないとし、増強は緊張を高めると発言した[32]。

翌二六日の昼前、再びジョンソンを交えて会合が開かれた[33]。前日の会合で軍事的対立を煽る行為に慎重だったクリフォードが韓国への即応兵力の増強に同意した結果、一万四七八七名と三七二機を含む二八個の空軍および海軍の予備役部隊の動員が承認された。加えて、事前に佐藤政権に沖縄への配備通知を行ったが返事のないまま、二六機のB－52爆撃機の沖縄（グアムを含む）への派遣が決まった。一月二八日から二月二日までに米空軍に加えて米海兵隊の戦闘機の一八二機（七二機のF－4戦闘機、一四機のRF－4偵察戦闘機、三四機のF－104戦闘機、三八機のF－102戦闘機、一八機のF－100戦闘機、六機のEB－66対電子対処機）が、米本土、日本、沖縄、ベトナムから韓国へ送られた。また、航空母艦のヨークタウンとレンジャーが日本海へ入った[34]。

このように、日本や沖縄の基地からは、米戦闘機部隊が韓国へ派遣された。米地上兵力については、配備されていない日本からの派遣は不可能であるばかりか、日本の基地の経由による派遣は検討されなかった。海上兵力については、日本に司令部をおく第七艦隊指揮下の艦船が派遣された。しかし、沖縄にいた米海兵隊が韓国へ派遣されることは検討されることはなかった。沖縄の基地は、空軍を除けば、南ベトナムへの兵站、発進、作戦の基地としての役割を果たしていたからである。

4　B－52爆撃機の沖縄配備

一九六八年二月三日から六日までに、プエブロ号事件に対応するための兵力増強として米本土からB－52戦略爆撃機が、「左舷前方（PORT BOW）」作戦としてグアムへ一一機、嘉手納へ一五機に加えてKC－135空中給油機の一〇機が配備された。これが沖縄へのB－52爆撃機の最初の配備であった。

朝鮮半島への兵力増強の一環としての嘉手納に配備されたB－52爆撃機は、二月一四日以降、南ベトナムへの爆撃（「アークライト（Arc Light）」作戦）強化の一環として出撃した。沖縄でのB－52配備反対運動の激化により、国防長官のマクナマラの指示を受けて統合参謀本部は四月一六日に太平洋軍に対し、四月二五日までに南ベトナムへの爆撃全体（一日あたり一八〇〇出撃回数）を減らし、緊急時、天候を理由にした嘉手納の使用を除き、嘉手納からの出撃を取りやめる検討を求めた。その二日後に太平洋軍は、爆撃の出撃回数削減は無理であり、嘉手納からの出撃を継続すると回答した。また、沖縄からのB－52爆撃機の出撃は、ベトナムでの作戦の一環であるばかりか、朝鮮半島で不測の事態が起こったときに北朝鮮に対し即応性の高い兵力を維持していると見せるには有効な手段であると記していた。さらに太平洋軍は、嘉手納へのB－52配備が沖縄での基地反対派に利用され、それを梃子にして琉球政府への圧力を高めていることから、沖縄の中でかなりの反発を引き起こしているとみていた。これを黙認して、米国がB－52の出撃を止め、B－52を撤去すると、沖縄からのさらなる要求を引き起こし、他の沖縄問題で米国の立場を損なうことになる、との判断を示していた。(35)

米太平洋軍が要求する一八〇〇回の出撃数の継続を承認した国防長官のマクナマラは、統合参謀本部に対し、六月二四日、B－52爆撃機による南ベトナムへの爆撃を支えるタイのウタパオ基地（六八年二月に一〇機、六月まで二〇機のB－52爆撃機が配備）が完成したことを理由に、嘉手納からの出撃の必要性が減じたとしてB－52の撤去を求めた。また、国務省によれば朝鮮半島での情勢が嘉手納へのB－52配備を必要としていない旨を添えていた。統合参謀本部は、六月三〇日に、その回答として国防長官に対し南ベトナム、ラオスでの爆撃（「アークライト」作戦）出撃のための拠点として嘉手納を確保すべきだと勧告していた。その根拠として、「見える（visible）」抑止態勢（北朝鮮への非核の爆撃を行う「新鮮な嵐（Fresh Storm）」作戦の実施）を維持する必要があること、撤去により日本との間で将来、米軍の行動の自由が制限されかねないこと、撤去により爆撃作戦のコストが月額一八〇〇万ドル増大すること、などを指摘していた。(36)結局、七月一日に嘉手納からのB－52の撤去をしないことが決まった。(37)その後は、プエブロ号事件へ対応した沖縄へのB－52配備は、南ベトナム、ラオスでの爆撃作戦への出撃に寄与するだけになった。(38)

5　北朝鮮への外交的対応

プエブロ号事件が起きてからの二週間の間に米空軍は一八二機を韓国へ配備したが、北朝鮮の保有する五三〇機に対し韓国には米軍と韓国軍を合わせても四二七機であった。米空軍参謀長のマッコーネル（John P. McConnell）大将は、一九六八年一月二九日、さらに西太平洋へ一五〇機の派遣を求めた。米太平洋軍司令官のシャープ（Ulysses S. Grant Sharp Jr.）大将は航空基地の混雑を理由に、むしろ地上兵力の増派を提案した。相前後して、統合参謀本部を含め軍部内では韓国への米軍の増強要求が、装備に加えて、米本土からの地上兵力の派遣、韓国駐留の第八軍の増員、防空などの分野に拡大していた。しかし、いずれも国防長官のマクナマラの同意を得るに至らず、実現することはなかった。(39)

広い文脈でいうと、朝鮮半島への米軍の増強が実現しなかった要因の一つは、ベトナム戦争の行方と関わっていた。とりわけ、二月に入ってからの南ベトナムにおけるテト攻勢によって、米軍の戦況が悪化していたことが影響した。米軍全体としてベトナムへの対応に追われていたことから、韓国への増強は困難だと判断されたのである。しかし、より大事な要因は、プエブロ号事件後の北朝鮮の対応をめぐる諜報上の分析に基き、北朝鮮の対応についての評価がなされたことにあった。マッコーネルは指揮下の空軍部隊に対し、テト攻勢より以前の一月二四日の段階で、北朝鮮が世界でも自国の安全に最も敏感な国であるために海や陸の国境周辺でのいかなる情報収集活動の存在をも侵略的行為と捉えてきたことを指摘した。したがって、北朝鮮にとってプエブロ号拿捕は米国の諜報活動を抑制させ、北朝鮮のイメージを改善する好機として捉えられていると説明した。プエブロ号事件が敵対行為を全面的に展開する計画の一部だとする兆候はないと結論づけた(40)。

米軍の大規模増強が行われなかった最も重要な要因は、大統領の判断であった。統合参謀本部議長のウィラーは太平洋軍司令官のシャープに、一月二五日、大統領は最後通牒あるいは最後通牒に至るような軍事行動でもってモスクワと平壌《ピョンヤン》と対立することを回避したいと考えている、と伝えていた。また、ウィラーは、大統領はベトナム戦争によって引き起こされている国内の分断をも考慮せざるを得ない、と記していた。一月二八日、国務長官のラスクはソウルの駐韓米大使のポーター（William J. Porter）に、ジョンソン政権としてのプエブロ号事件をめぐる状況判断を伝えた。それは、ジョンソンとマクナマラに承認を得た上で作成されていた。それによれば、北朝鮮は事件の引き起した後の全ての事態を理解し、ソ連は事態を沈静化するように北朝鮮に伝えていることは明らかであるため、北朝鮮がそこから抜け出す方策を緊急に我々が取ればよい、とされた。北朝鮮は交渉で難題をつけて韓国と米国に恥をかかせようとするだろうが、騒がせておけばよいとし、最初の交渉がプエブロ号乗組員の解放につながると期待する、と記されていた。この方針について、ラスクは、時間はかかるものの、外交交渉による乗組員解放の成功は五分五分だとみていた。また、ウィラーは生きたままでの乗

組員の解放を超えての軍事的行為はしないと同意していた。(41)

6　軍事的対応の準備

ジョンソン政権下で外交交渉による乗組員解放をめざすと決定すると同時に、解放が成功しない場合を想定した中・短期の選択肢の検討が不可欠とされた。ジョンソン政権の政策決定過程では多用された関係省庁からの代表で構成される省庁間検討グループが、朝鮮半島問題の一環としてプエブロ号をめぐる北朝鮮政策を検討した。グループの議長は、朝鮮半島情勢に詳しく前駐韓米大使であると同時に韓国を含む東アジア・太平洋担当の国務次官補代理のブラウン（Winthrop Brown）が務めた。同グループは国務次官補のカッツェンバックに対し、三月一三日、外交的手段が乗組員解放のための最善の手段だとしつつも、韓国軍の強化を含む軍事力の整備が同時に必要であるとし、事態の悪化の際に機敏な軍事行動が必要となる、と勧告していた。同グループによれば、北朝鮮はその空軍力が迅速な破壊に対し脆弱であり、空軍力を欠く北朝鮮軍は弱体であるとの認識をしており、同時に韓国は米軍が予備兵力を欠いているため米国は危険な全面戦争を選択しないはずだと理解している、という。そこで、同グループは以下の結論を出した。（1）当面の間、外交圧力をかけることが最も賢明であり、同時に米韓両軍の急速な能力向上と韓国に増派した米空軍部隊の継続配備を求めるべきだ。

(2)米軍は侵略の被害者ではあるが、報復としての拡大を引き起こせば米韓両軍の法的地位が弱まるため、米国は小規模な軍事行動や圧力を加える戦術を回避すべきである。(3)もし全体的な戦略態勢が改善されれば、米国は朝鮮半島問題において優位に立てると見通している。[42]

同グループの検討と並行して二月から三月にかけて、北朝鮮に圧力を高める様々な軍事行動が検討されていた。例えば、ソウルにいる米大使のポーターは統合参謀本部に対し、北朝鮮の港湾を利用する船舶をリスト化するような圧力を高める措置の提案を行なった。また、統合参謀本部の作戦担当部は、世界規模の即応性向上と偵察・諜報活動の継続に加えて、朝鮮半島の軍事バランスを維持するために北朝鮮の空軍基地への攻撃の必要性を強調した。統合参謀本部議長のウィラーは外交交渉が失敗したときに備えて作戦担当部に対し、三月一日に更なる検討を求めた。三月二一日に届いた作戦担当部の回答は、北朝鮮の海軍艦船や民間船などへ全面ないし部分的な攻撃を加えれば、全面戦争に拡大する恐れがあると強調していた。統合参謀本部での検討結果、この回答は危険性を過剰に評価しているとして、作戦担当部に対し最後通牒が発せられる状態まで米韓の軍事力増強を進め、三週間の待機の後に、潜水艦による船舶攻撃を加え、北朝鮮海軍の殲滅を目指すことを検討するよう指示した。その回答として四月上旬に作戦担当部は、六ヶ月の間に軍事力増強と航空からの偵察の継続を行い、その後に最後通牒を発するという計画を提出した。つまり、プエブロ号乗組員が三週間以内に解放されないときは、米潜水艦が北朝鮮の潜水艦を攻撃して武力行使に入るとされていた。

一九六八年二月以降、国内でベトナム戦争に反対する世論の高まりと直面するジョンソン政権にとって、統合参謀本部が想定するようなアジアでの二つめとなる戦争を朝鮮半島で繰り広げる選択に着手するのは困難になっていた。ジョンソンと韓国大統領の朴正熙《パクチョンヒ》が、四月一七日、ハワイで会談を開いた。そこではプエブロ号事件は主要議題ではなく、韓国からのベトナムへの民間人五〇〇〇名と韓国軍六〇〇〇名の増派（両者を合わせて軽歩兵師団一万一〇〇〇名規模）が議論された。会談二週間前にジョンソンは、北爆停止の声明を出し、南ベトナムへの小規模のみの米軍増強を明らかにしていた。また、前年の一九六七年一二月二一日のキャンベラでのジョンソンとの会談の際に韓国軍のベトナム増派を要請され、朴は暫定的に了解していた。この会談で、米軍を増派することなく韓国軍だけに増強要請をしてきたことについて不満を抱いたため、朴は北朝鮮の脅威を挙げて増派要請に難色を示した。ジョンソンは統合参謀本部の評価に基づき、南北の軍事バランスは韓国に優位であり、二月以降の米空軍機の韓国増派により米韓の軍事力はさらに強化されている、とした。さらに、北朝鮮は韓国軍のベトナムへの増派を止めさせるためにプエブロ号事件を起こしたと述べて、朴への説得にあたった。しかし、朴は民間人五〇〇〇名派遣と韓国軍派遣との切り離しを梃子にして、米国からの多くの財政支援要求に走った。国防長官のクリフォードは、六月一九日、韓国からのベトナムへの追加派遣要請を取り消すこと決めた。

プエブロ号乗組員の抑留は続いていたが、事件による危機感は時間とともに薄れていった。中央情報局（ＣＩＡ）、国務省の諜報担当部署、国防省の諜報担当部署、国家情報局（National Security Agency: NSA）が参加し、作成された「朝鮮半島における主な敵対行為の可能性」（一九六八年五月一六日）と題する特別国家諜報評価（Special National Intelligence Estimate: SNIE）が、ホワイトハウスに届いた。それによれば、少なくとも向こう一年ないしそれ以上にわたり北朝鮮は韓国への侵攻、あるいは戦争を誘発するような行動を取らないだろうとの評価を下していた(48)。それは、韓国への米軍の強化措置を継続する必要性がないことを意味した。

一九六八年七月初旬に入ると、韓国へ増派されていた米空軍の戦闘機部隊の撤退が始まった。まず、七二機のＦ－４戦闘機が米本土へ撤退し、代わりにＦ－４に比べ旧式のＦ－100戦闘機（五〇機）が配備された。それ以外の戦闘機部隊は韓国に残ったままだった。議会からの予算削減の圧力を受けていた国防次官のニッツ（Paul H. Nitze）は、統合参謀本部の要求であったホーク迎撃ミサイルを装備した防空部隊の増派について、十分な防空部隊が配備済み、航空機のシェルター建設増で対応できるとして却下した。さらになる軍事費削減要求に備えて、米軍増派能力を維持するためには、空軍機だけでなく韓国からの地上兵力の削減が予想された(49)。

ジョンソン政権の東アジア太平洋担当の省庁間地域グループ（East Asia and Pacific, Interagency Regional Group: EAP/IRG）は対朝鮮政策の検討に入り、六月一五日、韓国からの米軍の地上兵力（現有の二個師団）の段階的撤退を求める案を作成した。そこでは、韓国支援の役割を減らしつつも米国は長期にわたり韓国防衛に向き合うことを前提として、現行のように韓国の国防能力を漸次的増強することを継続するのか、あるいは米軍の兵站支援だけを維持しつつ追加的資源を投入して韓国軍を強化して北朝鮮の全面的侵略に対応できる実質的な能力をつけるようにしていくのか、の選択肢を掲げた検討が行われた。その上で、米国依存から韓国を脱却させ一人前で自立した同盟国にすることが米国の利益に合致する戦略だと結論づけた。これに向けて、一九七五会計年度までの段階的な地上兵力の削減、経済援助の削減を勧告した(50)。統合参謀本部はクリフォードに対し、八月二一日、この省庁間グループの報告がいう望ましい戦略は提案の期間内では非現実的であり、一九七一年に予定されている大統領選挙への余波や依然として続く政治的不安定から考慮すると、その実施は時期尚早だと伝えていた。この統合参謀本部の見解を受けて、次官レベルで構成される上級省庁間グループ（Senior Interagency Group: SIG）は省庁間地域グループに対し、九月二六日、各軍と統合参謀本部の代表を入れて更なる慎重な検討を求めた。その後の検討作業の歩みは、新しいニクソン政権へ移行するまでに何らの結論も出すことはなかった(51)。

一二月一七日、米国と北朝鮮の代表による板門店の軍事休戦委員会での二六回にわたる長い交渉の末、プエブロ号乗組員解放が決まった。そして、一九六八年一二月二三日午前一一時三〇分、プエブロ号乗組員八二名が北朝鮮から解放され、在韓国連軍の手に戻された(52)。

7　韓国からの戦闘機部隊の撤退

ジョンソン政権が終わり、一九六九年一月、新たにニクソン政権がスタートした。プエブロ号の乗組員が解放された後、ジョンソン政権の国防次官だったニッツは韓国へ増派されていた一五〇機の米戦闘機部隊の一部撤退を一九六九年六月に開始すると予定していた。統合参謀本部は国防長官のレアード（Melvin R. Laird）に対し、二月一三日、四月一五日時点の状況が許すならば、予定されていた州空軍の二個飛行隊（F－100戦闘機、五〇機）の撤退とそれに代わる戦闘機部隊の派遣を勧告していた(53)。

北朝鮮の軍事的脅威を警戒した米太平洋軍司令官や米空軍参謀長が撤退反対を主張する最中、厚木基地を飛び立って北朝鮮沖九〇浬の日本海を飛行中だった米海軍の空中早期警戒監視偵察機のEC－121機が、四月一四日二三時四七分（米東部時間）、三一名の搭乗員全員とともにレーダーから消えた。翌一五日未明には、ワシントンにはEC－121撃墜の報告が届いていた。プエブロ号事件とは異なり、ワシントンの対応は落ち着いていた。その夕刻には、統合参謀本部はベトナム沖で作戦中の航空母艦を軸に構成される機動部隊三個を日本海へ、日本と韓国を管轄する第五空軍の戦術機を日本と沖縄の基地から韓国へ派遣することを大統領のニクソン（Richard M. Nixon）に勧告した。同夜、ニクソンは航空母艦派遣を承認した。米偵察機が新たに撃墜される事態を回避すべきだと考えたレアードは、国防長官の権限でもって米太平洋軍司令官のマッケイン（John S. McCain）に命じ、日本海、オホーツク海、北緯三三度以北の黄海での偵察飛行を止めた(54)。

ニクソンは、大統領選挙キャンペーン中にプエブロ号事件で北朝鮮に対し強い軍事的手段を取らないジョンソンを厳しく非難してきたため、このEC－121撃墜事件では軍事的報復が必要だと考えていた(55)。軍事報復へ前のめりになるニクソンは、大統領特別補佐官（国家安全保障担当）のキッシンジャー（Henry A. Kissinger）の支持を受け、統合参謀本部から勧告される大規模な軍事的手段に傾いていた。例えば、三月に開始されたカンボジアへの秘密爆撃に合わせて、北朝鮮の空軍基地への報復攻撃あるいは護衛機をつけてのEC－121偵察機の飛行再開など、共産圏への軍事的圧力を高めようと考えていた。レアードは軍事報復が戦争に拡大することを懸念し、提案された軍事作戦に反対を唱えた。また、ニクソンに対しレアードは、ベトナムに加えて朝鮮半島での新たな武力行使は米国の利益を損ない、また国民の支持を得るのは困難だとして説得を行った。最終的には、四月末までの期限付きで護衛機の援護による偵察活動を再開することで妥協が成立したが、レアードは国防長官の権限で活動回数を制限した。結局、北朝鮮によるEC－121撃墜事件を、ニクソン政権は軍事報復をせずに処理した(56)。

その間、韓国に増派されていた戦闘機部隊の撤退は中止とされた。統合参謀本部は、五月一日、州空軍の二個飛行隊を撤退させ、それに代わる米空軍の二個飛行隊（F－4戦闘機、三六機）を臨時的に配備して増派機数を一三七機に減らす勧告を行った。それを受けて、五月二九日、国防次官のパッカード（David Packard）がホワイトハウスとの協議の上、一九六九年一二月までの期限付きでF－4戦闘機部隊の韓国派遣を決定した。その後を新たに米本土から派遣されたF－4戦闘機部隊が引き継ぎ、一九七〇年六月まで韓国に配備された。そのときまでに、韓国軍に一個のF－4戦闘機飛行隊が発足していた。同年八月には、韓国配備の米戦闘機は八三機にまで削減された。韓国での削減を模索していたにもかかわらず、レアードの承認のもとで一九七一年末までに米戦闘機の韓国配備数の増大となった。その要因は、米国防予算の全体的削減に伴い各軍には日本での兵力削減が求められた中で、米空軍は三沢基地と横田基地配備の一個航空団（F－4戦闘機）を韓国へ移駐させたことにあった。

沖縄の嘉手納基地を除いて、米空軍の戦闘機部隊は日本から消えることになった。この状況は三沢基地へF－16戦闘機で編成される一個戦闘航空団が一九八五年に配備されるまで、続いた。[57]米海兵隊の戦闘機部隊が日本に残っていた。一九六五年に岩国基地[58]にF－4戦闘攻撃機とA－4C攻撃機それぞれ一個飛行隊が配備されて以来、機種を更新しながら二〇二二年の現在まで至っている。

8　朝鮮半島有事に向き合うとき

米軍にとっての朝鮮半島有事となった出来事、つまりプエブロ号事件とEC－121事件に際して展開した米軍の動きについて、これまで述べてきた。そこで明らかになったのは、常駐する在韓米軍へ増強の兵力をいかに展開できるのかをめぐって各軍（陸軍、海軍、空軍、海兵隊）に加えて、在韓米軍司令部、その上級の米太平洋軍司令部、その指揮下のベトナム派遣軍司令官、ワシントンでは統合参謀本部議長、その下位の統合参謀本部の組織、さらに外交・政治の立場からの国務省、そして米国の政治的判断を下す大統領とホワイトハウスのスタッフ達の間で展開された権限と利益の相互作用であった。

浮び上ったことは、在日米軍司令官の役割が登場しないことである。むしろ、それぞれの部隊の作戦管轄での行動の権限を持つ指揮官の役割が大きいことである。この章で述べた二つの事件では、第五空軍司令官であり、在日米海軍司令官などが登場した。いいかえると、朝鮮半島での有事に際しては、在韓米軍司令官の指揮下にある部隊に加えて、米太平洋軍（現在は、米インド太平洋軍）指揮下の部隊の一部として日本や沖縄に配備された様々な部隊が登場するのである。ときに、B－52爆撃機配備のように米戦略空軍も登場した。在日米軍として一つの組織体としての行動はなかった。

つまり、朝鮮半島有事に際しては、日本や沖縄にある米軍基地が個々の作戦に応じて使われることを意味する。休戦下にある朝鮮半島に向けた米軍の視点に立つとき、在日米軍司令官に日本（九〇年代半ばまで韓国を含む）に配備された空軍の司令官を充てたのは妥当であろう。朝鮮半島有事に際して増派されるのが空軍の戦闘機部隊であるからである。現在でも嘉手納基地には制空権確保を任務とするF－15戦闘機で構成される二個の戦闘機飛行隊（五四機）[59]が配備されている。また、三沢基地の一個戦闘航空団に加え[60]、横田基地には戦闘地域での物資輸送能力を持つC－130Jの第三四七空輸航空団が配備されている[61]。横須賀、佐世保の二つの基地を持つ米海軍の艦船は日本海だけでなく南シナ海、インド洋へと展開できる能力を持つ。そして、米海兵隊は海軍と連携してインド太平洋への展開能力を持つ。それらに比べ、日本における米陸軍の存在は小さく主に兵站の任務を担う。

朝鮮半島有事を想定した場合、在日米軍が一体となって行動することはないだろう。もし一体として在日米軍が行動するなら日本有事のときであろう。日本を管轄範囲とする以上、日本有事への対応が在日米軍司令部の任務の一つなのは明らかである。米極東軍の廃止に伴って一九五七年に設置され現在に至るまで、在日米軍司令部の任務の多くが、在日米軍の各軍の調整や受け入れ国である日本政府との調整であった。朝鮮半島有事に際しては近接する米軍として支援する側に立つとはいえ、プエブロ号事件への対応から分かることは、具体的な作戦行動はそれぞれの軍の命令指揮系統に従って行われることだった。そして、日本有事が起きるのは、周辺地域とりわけ朝鮮半島や台湾海峡での危機が有事へと拡大し、日本の危機へと波及していくときであろう。そのとき、米軍の命令指揮系統においては在日米軍という単位よりも、日本とその周辺での個々の作戦は各軍のハワイにある上位の司令部（現在の米インド太平洋軍）が担うことになろう。

なぜそうなるのか。それは、米国の軍事力の展開には、地域（theater）規模の視座がしっかりと存在するからである。本論全体で述べたように、米本土を軸として世界（global）規模での兵力の配置と展開能力を判断して、実現可能な個々の作戦が準備され、選択されて実施が決められてきた。つまり、有事につながる危機が生じたとき、配置された兵力でもって対応しつつ、同時に有事に対応するための兵力増強の措置がとられる。増強の兵力規模が拡大するにしたがって、戦略予備の兵力動員だけでなく、予備役、州兵力の動員を含めて、大統領以下の政権幹部たちによる戦略的、政治的、外交的な検討がなされて、米国の政策決定が行われる。当然のこととして、決定過程では国内政治の動きが考慮される。

9　沖縄の施政権返還交渉

事前協議制度を含む現行の日米安保条約が発効した後日本にある米軍基地は、朝鮮有事の際の在韓国連軍への支援兵站機能を担うことになった。出撃基地としての機能は、その使用において制約を受けない沖縄の米軍基地へ集約されていった。そればかりでなく、東アジアにおける危機やインド太平洋における広範囲な軍事作戦計画が沖縄の基地を前提として作成されてきた。沖縄の施政権が日本に返還されると、少なくとも核兵器を使用しない通常の作戦に基づく沖縄からの直接出撃が、現行の安保条約の下での事前協議の対象となることは明らかだった。沖縄の施政権返還は、米軍の立場からすれば、拒否され、可能な限り引き延ばされるべきものだと理解されていた。とりわけ、ベトナムに本格的に介入していた六〇年代後半において、沖縄の米軍基地は兵力の集結、出撃、重要な支援の拠点であった。

交渉準備

親米保守の首相の佐藤栄作が一九六五年八月に沖縄訪問したのを契機に、米国統治下の沖縄が「沖縄問題」として日本の政治課題となっていた。その後、沖縄では米国統治に対する反発が高まりをみせ、日本ではベトナム戦争反対、大学紛争、一九七〇年の安保条約自動延長反対などの運動が激しくなっていた。そして、佐藤政権への野党からの批判が強まっていた。沖縄を含めて日本国内で沖縄の施政権返還要求が政治的なうねりをみせ、一九六九年三月には佐藤も「七二年、核抜き、本土並み」返還を掲げるにまで至っていた。

一九六九年一月に米大統領に就いたニクソンは、前年の大統領選挙キャンペーン中にベトナムからの撤退を唱えていた。ニクソンは、沖縄の施政権返還について、日本との良好な関係を強固にしていくために受け入れるに値するものと考えていた[62]。大統領就任の日の一月二一日に、国家安全保障会議で、沖縄返還を含む在日米軍基地、日米安保条約の今後、対日経済政策など広範にわたる「米国の対日政策」（NSSM-5）の検討開始が承認された[63]。統合参謀本部は国防長官のレアードに、二月一二日、次のような大統領宛てのメッセージの送付を依頼した。それによれば、沖縄返還に際して米国が譲歩できることは次第に減ってきている、という。そして、米軍を沖縄と日本に駐留させる目的が否定されるほどではないが、少なくとも部分的に侵食されつつ基地の地位の地元の人々からの黙諾（acquiescence）を維持し続けるだけの措置は、米国に多く残されていない、と。不十分な時間と財政を考慮すれば、沖縄以外に多くの軍事的機能の拠点を求めることになろうが、グアム、信託統治領、フィリピン、タイに依拠を深めると新しい問題が発生する、と指摘していた。結論として、沖縄返還について米軍の作戦行動がなんら制約を受けずに行えるという日本からの保証を得たときのみ、慎重に検討すべきだ、と勧告していた。しかし、国務省、国防省では、米国は沖縄の米軍基地か、それとも協力的な日本かの二つの選択肢からいずれかを選ぶときが来たとする見方が大方を占めていた。さらに、両省内では佐藤の要望である施政権返還を拒絶せずに、むしろ協力的な日本との関係強化のもとで沖縄の米軍基地を維持すべきだとする声が強まっていた。

その検討の結果は、五月二八日に国家安全保障会議にて米国の対日政策（NSDM-13）にまとめられ、ニクソンの承認を得た。基本方針は、アジアにおける日本の役割拡大を求め、安保条約の自動延長を行い、必要不可欠な基地機能を維持し、地元との摩擦削減のため基地の整理、軍事的な役割強化要請を回避する、などの内容であった。その上で、沖縄について六九年中の返還合意と七二年の返還実施、通常兵器による最大限の自由使用の確保を求め、財政的要請が満たされた上で、核撤去は交渉の最終段階で大統領が決定すること、などをめざした交渉の開始が指示された(64)。

なぜ交渉は妥結したのか

統合参謀本部にとっての最大の問題は、事前協議制度の沖縄への適用であった。確かに、先に言及した朝鮮議事録によって明らかなように、朝鮮半島有事に際して日本の基地からの在韓国連軍の指揮下での緊急な出撃が事前協議の対象除外となっていた。加えて、日米交渉において米国は朝鮮半島周辺、台湾の他に、他の米軍基地に対する攻撃への対応においても事前協議の対象除外とするよう求めた。しかし、七月に始まった日米間の返還交渉の中で事前協議をめぐって統合参謀本部の要求は無視されていた。一〇月に入り、一一月に予定されていた佐藤・ニクソン会談後に発表される共同声明案が統合参謀本部に届いた。国務省は、統合参謀本部がやや曖昧だと受け止める朝鮮半島、台湾、ベトナムへの出撃を実質的に認める表現の共同声明と、朝鮮半島や台湾での有事に際して事前協議の枠内で積極的に対応するとの佐藤のプレス・クラブでの演説（一方的声明）で、統合参謀本部の言う軍事的要請を満たしていると判断していた。声明の文言が十分でないと考えていた統合参謀本部は書面による秘密の保証を日本から得るよう求め、それが無理ならば再度、国家安全保障会議での検討する機会を求め、さらに佐藤・ニクソン会談の延期さえ求めた。[65]しかし、国務省には受け入れられなかった。

基地の自由使用に基づく沖縄からの直接出撃に固執する統合参謀本部は、一一月八日、レアードに対し軍部の要求を改めて行った。まず、日米交渉は満足すべき展開を見せていない、米国の目的を実現できていないなどと不満を述べた。そして、首脳会談を前にして、二つの勧告を行った。一つは国務省に対し、NSDM－13で規定された軍事的要請が適切に保証されていないこと、沖縄を継続して使用できる軍事的権利の明確な保証が不可欠であること、であった。もう一つは、全ての取り決めと声明について、首脳会談の前に、国家安全保障会議での検討を経て最終版とするよう求めていた。その際に、統合参謀本部は、とりわけ通常兵器による兵力の基地自由使用に加えて、核兵器の再導入（re-entry）の権利を求めたとみられる。この統合参謀本部の要求事項は、共同声明発表の二日前の一一月一八日、レアードからキッシンジャーに送られた。そして、キッシンジャーからの回答が、一二月三日にレアード宛に届いた。その回答によると、一一月一八日付の書面で統合参謀本部が指摘した点は佐藤との会談において「慎重な影響（careful weight）」を持ったと記されていた。[66]

最後まで沖縄返還交渉に満足することがなかった統合参謀本部は、一一月二一日の共同声明発表後、要求を控えるようになった。なぜ沈黙するようになったのであろうか。それは、日本が一度として明言してこなかった朝鮮半島や台湾での有事の際の日本にある米軍基地の使用の重要性を、共同声明と佐藤の演説で内外に公にしたからである。そして、統合参謀本部はそれが最善の結果だと理解したのだった。共同声明発表の直前一一月二一日の朝、ニクソンは米議会から九名と国務省、国防省の高官らを招いて、ホワイトハウスで共同声明に関する事前説明を行った。参加したレアードや統合参謀本部議長のウィラーがそれぞれが満足すべきものだと評価した[67]。また、ウィラーに代わって一九七〇年七月に統合参謀本部議長に就いた海軍提督のムーラー（Thomas H. Moorer）は、沖縄返還協定の批准に向けた一九七一年一〇月の上院外交委員会にて、不可避だったとして不承不承に受け入れたことを認めた。そして、米軍基地への地元で高まる反対運動、基地移設にかかる費用などの返還が軍事活動にもたらす否定的な効果に言及した。それを踏まえて、ムーラーは、返還前まで米軍が負っていた沖縄防衛を日本が行うことを含めて、日本が朝鮮半島と台湾との安全保障上の利益を理解したことが、北東アジアにおける日米のより対等なパートナーシップへと向かわせたことを高く評価した[68]。

注

（1）　有識者委員会報告対象文書二―二、『議事録』（一九六〇年一月六日）、https://www.mofa.go.jp/mofaj/gaiko/mitsuyaku/pdfs/t_1960nk.pdf

（2）　外務省「国連軍後方司令部のキャンプ座間から横田飛行場への移転について」（二〇〇七年一〇月二六日）、

https://www.mofa.go.jp/mofaj/press/release/h19/10/1175874_814.html

（3）外務省「朝鮮国連軍と我が国との関係について」（二〇一九年七月二七日）、https://www.mofa.go.jp/mofaj/na/fa/page23_001541.html

（4）*History of the 313 Air Division*, 1955, pp. 134–140, http://riis.skr.u-ryukyu.ac.jp/images/ddc_P0666-3.pdf

（5）CINCPAC *Command History*, 1960, p. 3, Fig-3, https://nautilus.org/wp-content/uploads/2012/01/c_sixty.pdf

（6）CINCPAC *Command History*, 1960, p. 7, https://nautilus.org/wp-content/uploads/2012/01/c_sixty.pdf

（7）JCS, *The Joint Chief of Staff and National Policy, 1965–1968* (History of the Joint Chiefs of Staff, Vol. 9), p. 234.

（8）National Security Agency/Central Security Service, https://www.nsa.gov/Helpful-Links/NSA-FOIA/Declassification-Transparency-Initiatives/Historical-Releases/USS-Liberty/

（9）https://en-academic.com/dic.nsf/enwiki/1128467

（10）http://www.usspueblo.org/Background/AGER_Program.html

（11）https://www.nvr.navy.mil/SHIPDETAILS/SHIPSDETAIL_AGER_2.HTML

（12）http://www.navsource.org/archives/09/61/6101.htm

（13）JCS, op. cit., p. 236, https://www.jcs.mil/Portals/36/Documents/History/Policy/Policy_V009.pdf

（14）*CINCPAC Command History*, 1968, Vol. 4, pp. 229–232, https://nautilus.org/wp-content/uploads/2011/12/c_sixtyeight.pdf#page=7&zoom=auto,-15,756

（15）Command History では警備艇（Patrol boat）と記す。CINCPAC Command History, ibid., p. 226.

（16）JCS, op. cit., p. 237.

（17）JCS, op. cit., p. 237.

(18) CINCPAC *Command History*, op. cit., p. 228.
(19) CINCPAC *Command History*, op. cit., pp. 228–229.
(20) JCS, op. cit., pp. 237–238.
(21) JCS, op. cit., p. 238.
(22) JCS, op. cit., p. 238.
(23) JCS, op. cit., pp. 238–239.
(24) JCS, op. cit., pp. 239–240.
(25) JCS, op. cit., p. 240.
(26) *Foreign Relations of United States* (hereafter *FRUS*), 1964–1968, Vol. 29, pp. 468–475.
(27) JCS, op. cit., p. 240.
(28) *FRUS*, op. cit., pp. 492–495.
(29) *FRUS*, op. cit., pp. 497–504.
(30) *FRUS*, op. cit., pp. 505–513.
(31) *FRUS*, op. cit., pp. 514–519
(32) JCS, op. cit., pp. 240–241.
(33) *FRUS*, op. cit., pp. 521–529.
(34) JCS, op. cit., p. 241.
(35) CINCPAC *Command History*, 1968, Vol. 3, pp. 215–216.
(36) SAC History Study 109 thru SAC History 140, 25 February 1992, https://nsarchive.gwu.edu/document/21075-doc-2-four-crises

（37）CINCPAC *Command History*, 1968 Vol. 3, pp. 208–216.

（38）成田千尋『沖縄返還と東アジア冷戦体制』（人文書院、二〇二〇年）一八七—二〇四頁。
宮里政玄『日米関係と沖縄』（岩波書店、二〇〇〇年）二八六頁。

（39）JCS, op. cit., p. 241.

（40）JCS, op. cit., p. 242.

（41）JCS, op. cit., p. 242.

（42）JCS, op. cit., p. 243.

（43）JCS, op. cit., p. 244.

（44）CINCPAC *Command History*, 1968, Vol. 2, pp. 220–225, https://nautilus.org/wp-content/uploads/2011/12/c_sixtyeight.pdf#page=7&zoom=auto,-15,756

（45）*FRUS*, op. cit., pp. 302–303.

（46）*FRUS*, op. cit., pp. 419–421.

（47）*FRUS*, op. cit., pp. 437–439.

（48）*FRUS*, op. cit.., pp. 427–432.

（49）JCS, op. cit., p. 245.

（50）*FRUS*, op. cit., pp. 433–436.

（51）JCS, op. cit., p. 246.

（52）*Stars and Stripes*, “Pueblo crew of 82 freed by N. Korea,” December 24, 1968.

（53）JCS, *The Joint Chief of Staff and National Policy, 1969–1972* (History of the Joint Chiefs of Staff, Vol. 10) p. 231, https://www.jcs.mil/Portals/36/Documents/History/Policy/Policy_V010.pdf

（54）JCS, ibid., p. 224.

（55）Richard A. Hunt, *Melvin Laird and the Foundation of the Post-Vietnam Military, 1969–1973*（Secretary of Defense Historical Series, vol. 7）, Office of the Secretary of Defense, 2015, pp. 38–39, https://history.defense.gov/Portals/70/Documents/secretaryofdefense/OSDSeries_Vol7.pdf

（56）Hunt, ibid., pp. 40–45

（57）三沢市企画部基地対策課『三沢市の在日米軍基地と自衛隊基地』（一九九二年）、一二頁。

（58）山口県岩国市『基地と岩国（平成一六年度）』（二〇〇五年）、七頁。

（59）https://military-history.fandom.com/wiki/44th_Fighter_Squadron

（60）沖縄県『沖縄の米軍基地（平成三〇年一二月）』https://www.pref.okinawa.jp/site/chijiko/kichitai/documents/2-4fac6037.pdf

（61）https://www.yokota.af.mil/About-Us/

（62）JCS, *History of the JCS*, vol. X, 1969–1972, p. 232.

（63）ＮＳＳＭ－５については、我部政明『沖縄返還とは何だったのか』（前掲書）七六頁—九四頁にて詳細に記されている。

（64）同上、九五頁—九六頁。

（65）JCS, 1969–1972, op. cit., p. 237.

（66）Calendar of Documents, Okinawa, #13, #14, and #15, p. 4, Japan, 1969–1973–Calendar of Documents, Box C8, Department of Defense Paper: Historical Project File, Melvin R. Laird Paper, 1953–2004, Gerald R. Ford Library, https://www.fordlibrarymuseum.gov/library/document/0375/1684230.pdf

（67）Document 34, Memorandum of Conversation（November 21, 1969）, *FRUS*, 1969–1976, Vol. 19, Part 2, Japan,

1969–1972, https://history.state.gov/historicaldocuments/frus1969-76v19p2/d34

（68）JCS, *History of the JCS* 1969–1972, pp. 238–239.

第Ⅱ部
米韓相互防衛条約から新たな体制へ
一九五三年〜二〇二一年

北朝鮮による砲撃をうけ炎上する集落を撮影した住民の携帯電話
（2010年11月23日 韓国・延平島　写真提供：共同通信社）

第四章　在韓米軍撤退構想の浮沈——「不介入」模索する米国——

1　韓国防衛を巡るジレンマ

米国の対韓コミットメントには、韓国に対する攻撃を抑止し、攻撃が行われた場合には韓国を防衛するという目的がある。これを規定したのが一九五三年一〇月に調印された米韓相互防衛条約であり、それを実行する主体が在韓米軍である。

朝鮮半島の戦略的価値についてほとんど関心を払っていなかった米国は、朝鮮戦争の勃発により対韓政策を修正することになった。中国による朝鮮戦争介入を受け、ソ連封じ込め政策に軸足を置いてきた米国は中国をアジアにおける共産主義陣営の中心と位置付けるとともに、その影響力拡大を防ぐためには戦略的価値が低い周辺地域であっても防衛の意思を顕示する必要があるとの教訓をくみ取ったのである。また、当時の米国が北朝鮮による韓国攻撃を占領下の日本の安全にとって極めて重要な地域への挑戦と評したように、韓国の安全保障に対する関心は米国のアジア戦略の要であった日本と一衣帯水の関係にあることから強調されてきた(1)。対韓防衛コミットメントは、それが日本の安全に直結するという文脈においても正当化されてきたのである。

一方で、米韓同盟の基盤となる米韓相互防衛条約には韓国有事の際の米国の自動的な介入を明確に保障した規定はない。米国は、北進を主張する韓国の李承晩《イスンマン》政権に休戦会談を受け入れさせる見返りとして条約締結に応じたものの、有事での米国の介入を保証する文言を盛り込むことには応じず、韓国の安全を法的に担保することには消極的であった。米韓相互防衛条約は同盟関係の確立を国家存亡に懸かる利益として捉えた韓国と、朝鮮戦争の休戦を急いだ米国の妥協を通じて結ばれた側面が強く、米国にとって条約締結交渉は〝韓国であっても〟介入せざるを得ないという「願わない介入の過程」を象徴するものとなった(2)。

こうした中で、南北が対峙する前線に配置された在韓米軍は米韓同盟の紐帯を示すバロメーターであり、米軍の対韓コミットメントの証明とみなされてきた。だが、朝鮮戦争の休戦合意後、戦略的な周辺地域である朝鮮半島の紛争に再び「巻き込まれる」懸念を強めるようになった米国は在韓米軍の削減を模索していく。それは「大変高くつく」（アイゼンハワー大統領）韓国への支援を合理化することが目的であったが、朝鮮半島への「不介入」を公式化する試みであった(3)。米国は地域において朝鮮半島が持つ重要性と、自国が展開する世界戦略における朝鮮半島の比重を巡り常に揺れ動いてきたが、とりわけ一九六五年の北爆開始を契機に拡大の一途をたどったベトナム戦争は、封じ込め政策に基づく地域紛争への関与を正当化してきた冷戦コンセンサスを一挙に骨抜きにし、地上軍を使ったアジア介入に伴う多大なコストとリスクを強く意識させる結果となった。一方で安全保障をほぼ全面的に米国に依存してきた韓国は、在韓米軍削減案が浮上するたびに「見捨てられる」不安を増幅させていったのである。

本章では、主にベトナム戦争以降に実施されてきたニクソン、カーター、ブッシュ各米政権の在韓米軍削減を取り挙げる。その背景と決定過程を分析することで、撤退が実行され、もしくは挫折する過程においてどのような要因が作用していたのかを検証する。その際に同盟関係にある米韓の間に生じる「巻き込まれ（entrapment）」と「見捨てられ（abandonment）」のジレンマに着目するとともに、米国の在韓米軍削減策が日本に及ぼした影響にも言及する。

2　ニクソン政権の第七歩兵師団撤退

ベトナム戦争と未完の撤退計画

朝鮮戦争休戦とその後の中国軍二〇万人の撤退に伴い、米国は韓国駐留の米地上軍撤退に乗り出した。一九五四年春に米地上兵力八個師団のうち第四〇歩兵師団と第四五歩兵師団が撤退し、アイゼンハワー政権は同年八月に第二四歩兵師団などを含む四個師団の削減を発表した。休戦時に三二万人に達していた在韓米軍は五七年には七万人となり、残されたのが第七歩兵師団と第二歩兵師団であった。テイラー（Maxwell D. Taylor）在韓米第八軍司令官のように米軍部の一部には全軍撤退を主張する声も少なからずあったが、インドシナ情勢が悪化する最中での「米国の退潮」という印象を与えることへの懸念がより強かったのである。(4) 一方で二個師団体制が可能になった背景には、アイゼンハワー政権による核依存強化があった。共産主義勢力による敵対的行動の抑止に必要な能力を大量の核戦力で構成する「大量報復戦略」を一九五四年に打ち出した米国は、アジア太平洋地域でも核配備を進め、韓国では一九五八年に核搭載可能な地対地ミサイル「オネスト・ジョン」の配備を発表している。二〇個師団を容認していた韓国軍に関しても、一九五九会計年度中の二個師団削減を決定した。(5) しかし、年間数億ドル規模に膨れあがっていた経済・軍事援助を考慮すれば、さらなる兵力削減が後続政権でも検討課題になるのは必然であった。

ケネディ（John F. Kennedy）政権では台湾、パキスタン、イラン、トルコ、ギリシャと並んで韓国が軍事援助見直しの対象となった。一九六二年当時、これら六カ国に対する軍事援助は全体の二分の一を占めており、軍事顧問団の派遣など米国がベトナム介入を強める中で「援助の効率化」が懸案となったのである。(6) 一九六二年から一九六五年の韓国に対する年間援助額は平均二億ドルから一億五四〇〇万ドルに激減することになった。(7) この過程では韓国駐留の一個師団移転が議題となり、移転先候補には沖縄も挙がったが、用地確保が困難であることなどから断念されている。[8] 一九六三年四月には、それまで地上軍撤退に慎重な見方を示していた統合参謀本部（ＪＣＳ）が一九六五年までの二個師団撤退案を柱とする報告書をまとめたことで政権内の議論が活発化したものの、見解の一致を見ないまま一一月のケネディ暗殺によりジョンソン政権に持ち越されることとなった。[9]

ジョンソン（Lindon B. Johnson）大統領は一九六四年五月に改めて在韓米軍一個師団の削減を検討するよう正式に指示したが、この流れを押しとどめたのが韓国のベトナム派兵であった。[10] 韓国は一九六四年九月に南ベトナム政府の要求に応える形で小規模の非戦闘部隊を派遣、一九六五年二月には米国の依頼を受けて二〇〇〇人から成る工兵部隊を南ベトナムへ派遣した。その後、米国による追加派遣要請で「青龍旅団」「猛虎師団」など精鋭の戦闘部隊を次々と投入し、韓国は最多時で六万五〇〇〇人もの部隊を送り込んだのである。韓国の朴正熙《パクチヨンヒ》政権は在韓米軍がベトナムに移転することへの恐れを強めており、率先した派兵は対韓コミットメントを確保するための貢献であった。ベトナム介入拡大に国際的支持を得るのに腐心していた米国に助け船を出すことで、実際に韓国は最も欲していたコミットメントに関する確約を引き出すことに成功する。一九六六年一一月にはジョンソンが訪韓し、米韓首脳の共同声明には「在韓米軍の現行の水準」を低減する計画はないことが明記され、米国が韓国軍の近代化支援に合意したことも盛り込まれた。これに先立ち米国は韓国陸軍三個師団の実戦部隊化や陸軍一七個師団、海兵隊一個師団を対象とした近代化計画を約束しており、[11] 韓国政府の求めに応じる様はさしずめ「アラジンのランプ」の如くであった[12]。

この間に在韓米軍削減に関する検討作業は事実上、未完のまま中断された。これには日韓の国交正常化が影響していたことも追記すべきだろう。アイゼンハワー政権以来、米国は地域の同志国である日韓に関係改善を促してきたが、これには対韓支援の肩代わりを日本にさせる狙いがあった。反日的な姿勢が目立った李承晩に代わって軍事クーデターを主導した朴正熙が一九六三年に政権に就いたことで、停滞していた日韓交渉は進展をみせており、韓国内での反対派が勢いづくことを恐れた米国は日韓基本条約締結が確実になるまで在韓米軍削減を韓国側に提起すべきではないとも判断していたのである[13]。

ニクソン・ドクトリン

一九六八年一一月、米大統領選で共和党のリチャード・ニクソン（Richard M. Nixon）が第三七代大統領に選出された。前任のジョンソンはベトナム戦争の泥沼に足を取られ、その年の三月末に不出馬を宣言していた。共産主義の脅威拡散を抑えるという「ドミノ理論」を適用する形で南ベトナム支援を強化した米国は、一九六四年八月に米艦艇が公海上で北ベトナムに攻撃されたとする「トンキン湾事件」を経て、一九六五年二月には北ベトナムに対する「北爆」を開始し公然と介入を始めた。一九六八年末時点でベトナムに投入した米兵は五三万六〇〇〇人となり、米国の国防支出は一九六四年の五四〇億ドルから八〇〇億ドルに膨れあがった。だが一向に勝利のめどが立たないまま、ベトナム戦争は国内インフレとドルの下落をもたらし、確実に米国の国力を奪っていた。全米での反戦運動の広がりもあり、ニクソンにとってベトナムからの「名誉ある撤退」は喫緊の課題となっていたのである。封じ込め政策の動揺の中で発足したニクソン政権は、戦略的に重要な拠点にのみ介入するという米外交の合理化を図っていくことになる(14)。

一九六九年七月二五日、アジア歴訪に先立ち訪れたグアムで記者会見に臨んだニクソンはアジア諸国の対米依存を低減させると宣言し、「アジア人によるアジア防衛のイニシアチブ」を追及する姿勢を打ち出す(15)。後に「ニクソン・ドクトリン」と呼ばれる新たな外交方針は次の方針を支柱とした。①米国は条約上の義務を順守するが、死活的に重要でない限り新たな約束はしない②同盟国が核攻撃の脅威を受けた場合、核の傘を提供する③それ以外では、同盟国が自国防衛の第一義責任を負う。

「米国人の血を流さない」ことを基軸とする姿勢は、軍事戦略ではケネディ政権の「二と二分の一戦略」から「一と二分の一戦略」への転換をもたらした(16)。前者はソ連が北大西洋条約機構（NATO）を攻撃した際に、並行して中国が東南アジアに攻撃を仕掛けた場合にこれを抑え、小規模の偶発的紛争にも対処できる戦力を保持するというものだが、後者は欧州、アジアのいずれかで共産勢力の攻撃を迎え撃ちながら小規模紛争にも対応する戦力を維持することを旨としている。共産主義の全面的封じ込めから、選別的な封じ込めへの移行であった。

背景には、一九六九年三月にダマンスキー島で軍事衝突するなど一枚岩とみられていた中ソの対立激化があった。これによりベトナム戦争を戦いながら中ソ双方と対峙する必要に迫られていた米国には中国に接近し、ソ連を牽制する余地が生まれたのである。ニクソン政権はその年六月にベトナムからの米兵二万五〇〇〇人の撤収を宣言するが、平仄を合わせた一と二分の一戦略の採用は中国を「主要敵とはみなしていない」とのシグナルでもあった。対中接近を視野に置いた米国にとって、ニクソン・ドクトリンに沿った米軍再編の舞台は九〇万人以上の米兵が展開するアジアであった。とりわけ朝鮮戦争以来の巨額な軍事援助や駐留米軍の維持経費が「過剰な投資」と問題視されていた韓国に目が向けられることになった。[17] 国務長官ウィリアム・ロジャーズ（William Rogers）が評したように、韓国こそ局地防衛に局地戦力を適用する「ニクソン・ドクトリンの試金石」となったのである。[18]

撤退の決定～米国の事情

ニクソン政権による在韓米軍撤退方針は、一九七〇年三月二〇日の国家安全保障決定覚書（National Security Decision Memorandum: NSDM）四八号により正式に決定した。ＮＳＤＭ48は、在韓米軍六万四〇〇〇人の約三分の一に当たる二万人の削減を決め、その実行に向けて次の条件を定めた。①削減時期と条件について韓国政府と協議し、削減が韓国の朴正煕大統領の主導で行われたこととする。②米議会に韓国軍近代化のための法案を提出し、一九七一～七五会計年度にわたる毎年二億ドル相当の軍事援助と一年～一年半以上の間に毎年五〇〇〇万ドルの経済援助、二万人を超える追加削減についてはベトナムに派遣された韓国軍が帰還後に検討する。③国務・国防両省は議会と援助計画を協議し、国防総省は残りの米軍を非武装地帯（DMZ）後方に再配置する計画を策定する。④在韓米軍に関する長期的計画を立てる[19]。

削減と同時に韓国軍の近代化支援を並行して行うことで「対韓防衛義務からの退却」との印象を希薄化し、力の空白を埋めるための補償措置により韓国の了承を得ることに主眼が置かれていたのである[20]。

これに基づき第七歩兵師団が撤退し、非武装地帯の防衛を担当する第二歩兵師団が後方に再配置されることが決まった。第二歩兵師団の再配置には、非武装地帯周辺の防衛責任を韓国軍に移譲することで「韓国防衛の韓国化」を進める狙いがあった[21]。統合参謀本部や太平洋軍は当初、対韓コミットメント保持の観点から第七歩兵師団撤退には反対したが、ベトナム戦争での失策続きで影響力が弱まっていた軍部の声は早期に摘み取られた形だった[22]。

共産勢力が攻撃を仕掛けた際に韓国が単独対処するのに必要な戦力規模などを巡り議論が長期化したが、ニクソン政権にとってより重要な問題は米議会から韓国軍近代化のための軍事支援に必要な予算を取り付けられるかであった[23]。財政支出削減要求が強まっていた米議会では、一九七〇年四月にはタイディングス（Joseph D. Tydings）上院議員がアジアに過剰に展開した米軍の削減は「韓国から始めるべきだ」と主張するなど、在韓米軍の規模縮小を求める声が上がっていた[24]。在韓米軍削減を討議する会合でもキッシンジャー（Henry Kissinger）大統領補佐官がニクソンに対し「二万人削減で二千万ドル削減できる」と強調していたが、多分にベトナム戦費に疲弊する米財政の立て直しを目的とする側面があり、それは議会の圧力を意識したものであった[25]。他方で韓国への補償措置に関しては、朴正熙政権の人権弾圧に対する嫌悪感に加え、九％の経済成長率を達成し、通商上の競合相手に成長した韓国に支援予算を講じること自体に難色を示す向きも強かったのである[26]。

撤退の実行～韓国の抵抗

苦境に立つ米国を韓国軍のベトナム派遣で支えてきたと自負し、自国はニクソン・ドクトリンの適用外と信じていた朴正熙政権に、在韓米軍削減の決定は衝撃をもたらした。NSDM48決定から間もない一九七〇年三月二十六日に削減方針の通知を受けた朴正熙は、数日後にポーター（William J. Porter）駐韓大使を呼び出し「米国にそのような権利はない」とすごんだ[27]。七月にホノルルで行われた米韓国防相会談でも韓国側の姿勢は変わらず「忠実な友人としての権利を剥奪された苦々しさ」で充満していた[28]。韓国には一九六八年一月の北朝鮮特殊部隊による青瓦台《チヨンワデ》（大統領官邸）襲撃事件など過去数年間に相次いで起きた北朝鮮による挑発行為に対して米側が軍事報復措置を取らなかったことへの不満が充満しており、事前協議を伴わない削減通告は米国のコミットメントを巡る不信感を裏打ちした面もあったのである[29]。

しかし、韓国側の抵抗に直面しても、米側には削減決定自体を覆すつもりはなく、交渉の焦点はあくまで韓国の顔を立てるための補償措置に絞られていた[30]。朴大統領は韓国の同意無しに米軍を撤退させないと国内で喧伝していたが、米側は翌年に大統領選を控える朴が支持層向けのキャンペーンを展開しているに過ぎず、総額数十億ドル以上の韓国軍近代化計画が米軍撤退前に議会で承認されれば、容認に転換するとみていた[31]。外貨不足が深刻だった韓国がベトナム参戦で年間二億ドル前後の特需を得ていたことから、韓国側が振りかざすベトナム駐留軍撤退という「ベトナム・カード」も真剣には受け止めていなかったのである[32]。

その読み通り、米議会が補償措置を承認する時期には韓国は抵抗を緩和させていった。議会では韓国軍近代化のための追加援助に反対する声が根強かったが、一九七〇年一一月にはニクソン自らが議会指導者たちをホワイトハウスに招き、友好国が「自ら防衛の責任を負う」ニクソン・ドクトリンを実現するためだとして韓国への装備の移譲を強く議会に求めている[33]。閣僚も動員した一連の要請が奏功し、米議会は一一月には地上軍の主要装備となるM16ライフルの韓国での工場建設も承認した。

これを受ける形で米韓両政府は一九七一年二月六日に共同声明を発表し、同六月までに第七歩兵師団を中心とした二万人の在韓米軍削減と第二歩兵師団の後方移転、さらには韓国軍近代化五カ年計画を支援するための支援提供、両国の外務・国防当局者で構成する米韓安全保障協議（Security Consultative Meeting: SCM）の定期開催で合意した[34]。三月二七日に第七歩兵師団は韓国からの撤退を完了し、第二歩兵師団も同月中に第七師団が担当していた非武装地帯後方に移転した。これにより、朝鮮戦争以来、板門店を除いた軍事境界線は初めて韓国軍単独で直接防衛されることになったのである[35]。

帰結と影響

第七歩兵師団撤退により、後に残る米地上部隊は第二歩兵師団と第三八防空砲兵旅団、そして第四ミサイル・コマンドとなった。人員削減に伴う措置として、韓国軍の各軍に配置されていた在韓米軍事顧問団（ＫＭＡＧ）を統合して在韓米軍合同軍事支援団（ＪＵＳＭＡＧＫ）を設置し、一九七一年七月には米地上部隊で編成する米第一軍団が、残る第二歩兵師団と韓国の陸軍部隊を合同した米韓第一軍団に改編された[36]。米国はニクソン・ドクトリンを推進する形で兵力削減を進め、アジア全域では一九七一年には政権発足時と比較して米兵三二万人が削減された。うちベトナムからは二六万人以上が撤退したが、二万人の在韓米軍削減はベトナムからの「敗走」という印象を薄める機能も果たしていた。

ニクソン政権がアジア全域で米軍再編を進める中で、対韓コミットメントの補完を期待されたのが日本であった。対韓政策を検討する省庁間グループは一九六九年の文書で「韓国は戦略的に日本と東アジアの安全保障にとって重要」と位置付け、米軍削減の際には「韓国の防衛と繁栄」を支えるため日本に大きな責任を負わせるべきだと結論付けていた(37)。一九六〇年代まで韓国防衛への日本の貢献は米軍への基地提供という形式をとっており、沖縄返還で合意した一九六九年の日米共同声明に「韓国条項」が挿入されたのもその延長線上にあった。さらに世界第二位の経済大国に成長していた日本には、韓国軍近代化計画に資する支援が求められたのである。浦項《ポーハン》製鉄所建設事業への資金援助といった韓国の重工業化への日本の支援は、韓国の防衛産業育成を通じて日本が間接的に韓国防衛に貢献する方策が取られた形であった(38)。米政権内には日韓海空軍の協力を期待する声もあったが、政治的に保革伯仲にあった日本が応じられるはずもなく、日本の軍事的な影響力拡大に向けた韓国の警戒も強かったのである(39)。

ニクソン政権による第七歩兵師団撤退と第二歩兵師団の再配置は、米国のコミットメントを不安視する韓国を自主国防路線へと駆り立てることにもなった。朴正煕は一九七〇年一月の年頭記者会見で米国の支援無しでも北朝鮮を粉砕できる「独自の軍事力」を持つ必要性を強調したが、それは重工業化路線下でのミサイル、戦車の国産化に加え、独自核保有の試みにつながっていく。在韓米軍削減を経た韓国はプルトニウムを生産する核燃料再処理工場の建設に向けてフランスからの技術協力を得たが、インド、パキスタンの核実験を受けて核拡散防止に乗り出した米国の圧力で計画頓挫に追い込まれた。一方で戦力増強計画に基づくミサイル開発は進展し、一九七八年九月には射程一八〇キロメートルの地対地ミサイル発射実験に成功、世界でミサイルを発射できる七番目の国家となった(40)。

この時期、韓国は北朝鮮との緊張緩和策にも動いている。一九七二年五月に韓国の李厚洛《イフラク》中央情報部長が訪朝したことで本格化した南北対話は、七二年七月四日、「外勢の干渉」を排除した統一の重要性をうたった「七・四南北共同声明」に結実した。具体的な進展はなかったものの、緊張緩和の試みは在韓米軍削減に伴う「見捨てられる」懸念に加え、米国の対中接近の衝撃が後押しした面が強い(41)。一九七一年一〇月の国連総会では、いわゆるアルバニア決議により台湾の国連脱退と中国の国連加盟が決まった。韓国が「唯一の合法政府」の根拠を置く国連で中国が北朝鮮の主張を代弁する展開に直面した韓国は、北朝鮮との対話を通じて動揺を抑える道を選んだといえる。当時の金鍾泌《キムジョンピル》首相がハビブ（Philip C. Habib）駐韓大使に吐露したように、「大国政治の狭間で小国の将来は不確かになった」との危機感が強く作用していたのである(42)。

3　カーター政権の第二歩兵師団撤退計画

選挙公約としての在韓地上軍撤退

一九七六年一一月に実施された米大統領選で、民主党のジミー・カーター（Jimmy Carter）が現職のジェラルド・フォード（Gerald Ford）を破った。米南部ジョージア州プレーンズの農場主の長男に産まれたカーターの政治的な経歴は、同州上院議員と州知事に限られていたため全国的な知名度は低く、マクガバン（George McGovern）ら有力政治家が並み居る民主党の指名獲得レースでは泡沫候補と見なされていた。そのカーターが辛勝とはいえ大統領に上り詰めたのは、ニクソンを辞任に追い込んだウォーターゲート事件に端を発した政治不信や、ベトナム戦争の長期化に倦み疲れた米国民が無名の政治家にある種の清新さを見出したためだろう。

カーターが自身の外交政策上の命題に据える在韓米軍撤退について「大統領になれば実行に移す用意がある」と初めて公式に語ったのは、大統領選への立候補宣言から一カ月後の一九七五年一月一六日、ワシントン・ポスト紙編集委員らとの会見の席であった。これに先立ち、カーターは複数の専門家とこの問題を話し合っているが、そのうちの一人、ラロック（Gene LaRocque）退役海軍将校は「金日成か朴正熙によってアジアでの地上戦に巻き込まれれば、この国は分裂してしまう」と語り、朝鮮半島の重要性は中東や欧州の「十分の一」に過ぎないと主張したという(43)。一月二八日にはカーターの在韓米軍撤退構想に大きな影響を与えたとされる民主党系のブルッキングズ研究所の主任研究員ブレックマン（Barry Bleckman）らと会食しているが、ブレックマンは「米地上軍は四〜五年かけて段階的に撤退させるべきだ」と強調し、第二歩兵師団が戦争に自動的に巻き込まれる懸念があることを理由として挙げている(44)。カーター政権発足時の在韓米軍の規模は計三万九一〇〇人。うち一万四千人から成る第二歩兵師団は米韓合同第一軍団の中核として、最前線に展開する韓国第三軍を支援する後方機動予備軍の役割を担っていた。第二歩兵師団を構成する三個旅団のうち第三旅団は非武装地帯からわずか約一〇キロに配置されており、有事介入は不可避と考えられていたのである。

カーターは当初、韓国からの全軍撤退を想定していた節があるが、次第に目指すのは空軍を除いた全地上軍の撤退だと発言するようになった(45)。米国にベトナム戦争の後遺症が色濃く残る中、「導火線」を撤退させることでアジアにおける地上戦関与を避ける意向があったのは間違いないだろう(46)。サイゴンが陥落した一九七五年四月時点の世論調査では、韓国が北朝鮮から攻撃を受けた場合、米軍は参戦すべきではないと回答したのは六五％に上り、独自色ある公約としても在韓米軍撤退が世論に受け入れられるとの確信を深めたとみられる(47)。

カーターが在韓米軍撤退を公約に掲げた背景には、韓国政府による人権抑圧への嫌悪感も挙げられよう。一九七二年一〇月に朴政権が戒厳令を発布し、いわゆる維新体制の下に終身大統領への道を開くと米国世論はこれに反発した。一九七三年八月には民主化運動を率いる金大中《キムデジュン》が東京都内のホテルから拉致され、維新体制反対派に対する弾圧は国際問題に発展していた。人権擁護を外交上の重要課題に掲げたカーターは一九七六年六月にシカゴで行った演説で、韓国政府の抑圧政策が「米国のコミットメントに対する支持を低下させている」と言及、人権問題が在韓米軍撤退を目指す理由の一つであることを示唆した(48)。ただ、後述するようにカーターの個人的な信念は朝鮮半島の軍事情勢を考慮に入れたものとは言い難い。在韓米軍が朝鮮半島の紛争に自動介入する可能性を低減しながら、いかに抑止力を維持するのか。相反する目標の達成には難題が控えていたが、カーターはあくまで公約を実行する心構えだったのである。

撤退の決定～性急な内部協議

カーターが公約実行に着手したのは、大統領就任から間もない一九七七年一月二六日であった。ブレジンスキー（Zbigniew Brzezinski）大統領補佐官を通じて国家安全保障会議の政策検討委員会（Policy Review Committee: PRC）に「大統領検討覚書（Presidential Review Memorandum: PRM）13」を送り、朝鮮半島の米通常戦力の削減、在韓米軍の南方配置、米国の対韓軍事援助などについての行動方針を三月七日までに検討するよう指示した(49)。「現状維持」の選択肢を排除した点でも、地上軍撤退ありきの性急な内容であった(50)。統合参謀本部は一九八二年までの地上軍七〇〇〇人の段階的削減を提言していたが、カーターは三月九日に全米にテレビ中継された演説で、選挙戦で提唱した「四～五年の地上軍撤退」計画は「妥当」だと述べて小規模削減案を事実上退けると(51)、その数時間後には訪米中の韓国外相に撤退方針が通告されたのである(52)。

四月二一日にＰＲＭ13に対する勧告を省庁間で検討する次官補級政策検討委員会が開催され、二七日にはカーターを議長とする国家安全保障会議（ＮＳＣ）での討議が続いた。これらの会議では韓国単独なら軍事バランスが北朝鮮に優勢である状況が確認され、地上軍の緩やかな削減を望ましいとする意見が相次いだが、カーターは「四～五年の地上軍撤退」に固執した。在韓米軍撤退を正式な政策とした五月五日の「大統領決定（Presidential Direction: PD）12」は第二歩兵師団の撤退を決定し、詳細を次のように定めた。

①一九七八年末までに一個旅団とその支援部隊（少なくとも六〇〇〇人の地上要員）の撤退完了②一九八〇年六月までに第二の旅団と支援部隊（少なくとも九〇〇〇人の地上要員）を撤収③米空軍は無期限に駐留④必要な規模の対韓軍事援助の供与④地上軍撤退に関する各段階の最終決定は日韓との協議を経て行う。[53]これに基づき国防総省が抑止力低減を防ぐための補完措置を策定し、ハビブ（Philip Habib）国務次官とブラウン（George Brown）統合参謀本部議長が大統領特使として日韓に派遣されることになった。

五月二六日にカーターは在韓米地上軍の撤退を公式政策として表明し、七月二五〜二六日にソウルで開催された米韓安全保障協議では撤退に関する米韓の合意事項が発表された。一九七八年末までに六〇〇〇人が撤収した後の残りの米地上軍撤退は「慎重かつ段階的に行われる」とされ、第二歩兵師団司令部と二個旅団は最終段階まで残留することになった。[54]これは、ハビブらが訪韓した際に伝えられた朴正煕の要望を反映したものだが、第二歩兵師団の撤退方針は不動であった。[55]抵抗の末に第七師団撤退を断行された苦い経験から米国の意思が堅いことを見て取った朴は、補償措置と引き替えに第二歩兵師団撤退を受け入れたといえる。[56]米韓安全保障協議では、①第二歩兵師団の装備譲渡②対外武器売却（FMS）の信用貸し付けの追加供与③北朝鮮抑止に必要な武器の優先供与④合同軍事演習の拡大⑤米韓連合軍司令部の設置―を柱とする対韓補償パッケージで合意した[57]。強力な補完措置の必要性を唱えていた米軍部の主張に沿った内容だが、朴が要請した撤退前の補償については確約を得られずコミットメントに不安を残す結果となった。

撤退政策の変更～軍部・議会の反対

第二歩兵師団撤退に関しハビブ国務次官は一九七七年六月の外交委員会で、韓国の経済力向上や、中ソとの関係改善による国際環境の好転を挙げ、米海空軍の駐留継続と韓国軍へ十分な軍事的補償措置を取ることを前提に抑止力は低下しないと証言した[58]。カーター政権の第二歩兵師団撤退は「韓国防衛の韓国化」を推進する意味でニクソン政権の政策の延長線上にあるとして理解を求めた形だが、この後、補償措置を前提とした撤退シナリオは修正を迫られていく。

一九七七年五月一九日付の米紙ワシントン・ポストは、在韓米軍参謀長のシングローブ（John K. Singlaub）少将のインタビューを掲載した[59]。その中でシングローブは過去一年で北朝鮮の軍事力増強が確認されたとして「計画通りに米地上軍が撤退すれば戦争になる」と述べていた。米軍部では地上軍撤退が対韓コミットメントの弱体化を北朝鮮に印象付け、挑発行動を招きかねないとの見方が強く、シングローブの発言は大統領の強引な撤退計画に対する総体的な心情を反映したものであった[60]。激怒したカーターは問題発言の主を解任したが、いわゆる「シングローブ事件」は軍部にくすぶっていた反対論を表面化させ、米世論や議会の関心を撤退政策に向ける契機となったのである。

米議会ではカーター政権の撤退政策に議会の関与を求める声が強まり、一九七七年六月には地上軍撤退の影響について議会への報告を義務付けるバード（Robert Byrd）修正法案が上院で可決した。(61)民主派抑圧を続ける朴政権への軍事援助に懐疑的な見方はかねてから強かったが、これに追い打ちをかけるように、朴正熙の指示を受けた実業家朴東宣《パクドンソン》が米議員への贈賄を行っていたとする「コリアゲート」事件の追及が米議会で本格化したことで支援措置に関する審議すら困難になった。

一九七八年春になると装備譲渡などの補償措置を可能にする立法が議会ですぐには成立しないことが明らかになり、政権内からも「勝ち目のない展開」に撤退計画の変更を求める声が相次いだ。(62)四月一一日の会合ではブラウン（Harold Brown）国防長官が装備移転なしに撤退を進めれば在韓米軍司令官の辞任は避けられないと指摘し、水面下では撤退計画に反対していた事務方も「補償無き撤退」は日本を筆頭とした同盟国の信頼を失うと公然と主張した。(63)これを受けてカーターは四月二一日の特別声明で、対韓軍事援助に関する承認の遅れを理由として一九七七年の米韓合意に基づく七八年末までの六千人撤退計画を三四〇〇人（一個戦闘大隊八〇〇人と非戦闘要員二六〇〇人）に変更すると発表した。年内の撤収が予定されていた他の二個戦闘大隊は一九七九年まで残留させることとし、計画修正と引き替えに議会での速やかな立法措置を求めたのであった。(64)

行政府の妥協を受ける形で、下院、上院はそれぞれ一九七八年八月と九月に国際安全保障援助法案を承認し、ようやく撤退補完措置としての八億ドル相当の対韓装備移転が認められた[65]。議会は承認の代償として撤退に向けた各段階で朝鮮半島の軍事情勢について報告するよう大統領に義務付け、立法上の足かせをはめることになったのである。

撤退計画の中止〜南北軍事バランスを巡る紛糾

計画修正後の在韓米軍撤退の第一段階（一個戦闘大隊の撤収）は一九七八年九月に終了するが、カーターの公約を最終的に挫折に追い込む出来事が続いた。一〇月一七日には板門店で、北朝鮮が掘削したとみられる韓国に通じる秘密トンネルが見つかった。一九七四年秋以降、複数の秘密トンネルが発見されていたが、今回は一時間で三万人の重装備部隊をソウル近郊に送り込める規模だと推測された[66]。翌七九年一月にはアーミー・タイムズ紙が、北朝鮮が従来の推定（二八師団、四三万人）を大幅に上回る四一個師団、四四〜五〇万人の地上軍を有していると報じた。これは新たに再編された米陸軍の分析チームがまとめた情勢報告に基づいていたが、一九七八年五月の報告では北朝鮮の軍事力は韓国軍のほぼ倍に相当し、六八万人と見積もられた地上軍の大半は非武装地帯付近に配置されていると分析されていたという[67]。

大統領を支える民主党が多数派を占める議会でも、ナン（Sam Nunn）上院議員を団長とする上院太平洋調査団が在韓地上軍の撤退中止を求める報告書を提出するなど、計画の大幅な変更を求める声が支配的になった[68]。一九七九年一月二二日にブレジンスキーの名前で出された「大統領検討覚書（PRM）45」では朝鮮半島の軍事バランス、緊張緩和のための外交政策の検討とともに、在韓米軍の「将来の選択肢」について再検討が指示された[69]。政権内では撤退計画の再検討作業が始まっていたが、アーミー・タイムズのスクープは大統領に計画を断念させる好機と受け止められたのである。一九七九年四月には統合参謀本部が南北の軍事バランスを再検討するまでの撤退停止をホワイトハウスに進言し、六月七日には「中止」の選択肢を含むPRM45に対する答申が提出された[70]。

カーターは一九七九年二月には北朝鮮の軍事力や米中国交正常化の影響を再検討するまでの撤退計画の「一時停止」に言及していたが、議会や軍部、足元の政権内から高まる圧力は、もはや計画の微調整では制御できない状態であった[71]。六月二九日に韓国を初めて公式訪問したカーターは、在韓米軍撤退計画は不変との態度を表面上は取っていたが、朴正熙には人権問題での対応改善や防衛予算増額を条件に計画を見直す可能性があることを伝達していた[72]。七月一七日、韓国政府は八六人の政治犯を釈放し、カーターの要求を受け入れる姿勢を明らかにした。これを受けてカーターは七月二〇日に声明を発表し、第二歩兵師団の撤退中止を表明した。一九八〇年末までに一個大隊八〇〇人を含む支援部隊の撤収を進めるが、その後の計画は朝鮮半島情勢を勘案して一九八一年に再検討するとした[73]。

しかし、一九七九年一〇月には朴正熙が側近に暗殺され、在韓米地上軍の撤退を論じるどころではなくなった。一二月にはソ連がアフガニスタンに侵攻し、米軍撤退の正当性を国際環境面で下支えしていたデタントが終焉したことも鮮明になった。カーターは翌年の大統領選で共和党のロナルド・レーガン（Ronald Reagan）に敗北。任期内に削減された在韓米軍は約三千人にとどまり、約三万七千人の米軍が韓国に継続駐留することになった。

帰結と影響

カーターが公約に掲げた在韓米軍撤退は道半ばで終わったが、抑止力低下を防ぐための補完措置は質量ともにかつてない規模に拡充された。紆余曲折の末に一九七八年に成立した国際安全保障援助法により八億ドル相当の韓国軍への武器譲渡、八二年まで毎年二億七五〇〇万ドルの対外有償軍事援助（ＦＭＳ）の提供、韓国軍の能力強化支援に一九億ドルの供与が認められた(74)。一九七八〜七九年のＦＭＳは三億九〇〇〇ドルから約九億ドルへの大幅増となったが、これはサウジアラビア、イスラエル、エジプトという戦略的重要国に次ぐ四番目に多い額であった(75)。在韓米空軍の戦力強化も並行して行われ、Ｆ－４戦闘機を四機追加派遣して七二機態勢とした(76)。

より重要な変化は、米韓連合軍司令部（U.S.-Korea Combined Forces Command: CFC）の設置であった。同司令部は一九七八年一一月七日に設置され、これにより韓国軍に対する作戦統制権は国連軍から米陸軍大将が務める米韓合同軍司令官に移行した。朝鮮戦争以来、国連軍司令官が単独で行使してきた作戦指揮過程に韓国軍の関与が認められたのである。ニクソン政権以降の米政府は南北対話の進展などを受けて、国連軍司令部解体時の米韓合同指揮体制の検討を進めていたが、カーター政権下で韓国を交えた協議が加速した。合同指揮体制は米国の対韓コミットメントの「再保証」として位置付けられていた。

補完措置としての日本の役割拡大は、カーター政権下でも重要視された。カーター政権は米地上軍撤退に関する「日本の完全な理解」の必要性を強調したが、地域的な外交目標の成功には経済大国日本の支援が必要だと判断していた[77]。一九七七年一月末に訪日したモンデール（Walter Mondale）副大統領は、在韓地上軍の撤退は米韓の二国間問題だとする福田赳夫首相に対し「日米関係の最重要問題」だとして積極的関与を求める姿勢を鮮明にした[78]。日本が米国のアジア離れに神経をとがらせる一方、防衛責任の直接的な肩代わりを求められるのを強く警戒しているとみて傍観者の立場を決め込むのをけん制したのであった。

一九七七年九月に訪米した三原朝雄防衛庁長官らにブラウン国防長官は、米国が日本に求める貢献として対潜能力や対空能力の向上を挙げたが、当時の米側が期待していたのは韓国軍近代化のための資金支援であった[79]。韓国軍に対する装備譲渡の承認が米議会で滞った際には、日本に費用負担を求めることも一時検討していたのである[80]。

こうした中、有力紙が将来の在日米軍削減に警鐘を鳴らすなど日本の世論には「見捨てられる」懸念が広がっていたが、懸念解消のため日本が講じたのは日米防衛協力の推進を通じたコミットメントの確保であった。この年一二月には在日米軍の労務費負担に合意し、現在に至る「思いやり予算」が額・項目ともに拡大する基盤が形成された。当時の日本の心情を米側は「日本は米軍プレゼンスの減少に不安を覚えており、それを補うための軍事的機能を提供する必要性を感じている」と分析していた。[81]この時期、防衛庁が在韓米地上軍削減後に在沖縄海兵隊を韓国にローテーション配置することを米側に提案し、数カ月後には米政府の基本的な了承を得ている。[82]他にも沖縄配備の早期警戒管制機（AWACS）の韓国移転が進められるなど日韓を一体とみなした米軍の運用態勢が強化された。

一九七八年には「日米防衛協力のための指針（旧ガイドライン）」が策定された。懸案の「極東有事」を巡る共同対処研究には乗り出せなかったが、日本が自衛に必要な軍事力を備えた上で、手に余る武力攻撃に対しては米軍が来援するとの日本有事における協力方針が定められた。ここでは、戦略的重要拠点である日本のために米国の対韓コミットメントが強調されるという構造は後退し、日本が米国との協力を通じて間接的に韓国防衛を支援する中で、日米韓の緩やかな防衛協力の土台が構築されたのである。

4　トランスフォーメーション（変革）の中の在韓米軍削減

ブッシュ（父）政権下の米軍削減

一九八一年一月に発足したレーガン政権にとって、カーター政権の在韓米地上軍撤退計画を巡り傷ついた米韓関係の修復が優先事項の一つとなった。

一九七九年一二月のアフガニスタン侵攻を契機に米国はソ連の膨張主義を警戒、ソ連封じ込めの前線としての北東アジアの重要性が再認識されていた。レーガンは一九七九年一二月の軍事クーデターによって実権を掌握した全斗煥《チョンドファン》大統領を八一年一月に国賓としてワシントンに招聘し、首脳会談では在韓米軍の撤退中止を表明するとともに、韓国軍近代化のための防衛技術移転と武器売却を確約した。これに基づいて最新鋭戦闘機F－16やA－10の韓国配備が進み、米韓合同演習「チーム・スピリット」が拡大されるなど防衛協力が大幅に強化された。太平洋陸軍司令部がハワイに創設され、その指揮下に在日、在韓米陸軍が置かれるなど日米韓の戦略的一体化が進んだのもこの時期である。しかし、ゴルバチョフ（Mikhail Gorbachev）政権発足後の米ソ軍縮交渉の進展を受けて対ソ強硬論に変化が生じるようになった二期目では、在韓米軍削減論が再び頭をもたげることになった。背景には米財政の逼迫と貿易収支の悪化という「双子の赤字」があり、国防費削減の是非が議論される中で同盟国の責任分担が再び必要とされたのであった。韓国の対米黒字は一九八八年には史上最高の九六億ドルに到達しており、国力を増した韓国がここでも関係再調整の対象として挙げられた。任期満了間近のレーガンも一九八八年一〇月、在韓地上軍削減について「可能性はある」と言及するようになっていた。(83)

レーガン政権で副大統領を務めたブッシュ（George H. W. Bush）が一九八九年一月に大統領に就任した。同一二月にゴルバチョフ大統領と地中海のマルタ島で冷戦終結を宣言する過程では、在韓米軍見直しを巡る議論が加速した。一九八九年六月にはレヴィン（Carl Levin）上院議員が当時四万三〇〇〇人の在韓米軍のうち三万人を五年間で減らすよう提案した。[84] 八月にはナン上院軍事委員長と同委員会のウォーナー（John Warner）議員が提出した国防予算授権法修正法案が可決され、一九九〇年四月までに韓国や東アジアに展開する米軍の将来についての報告を議会に提出するよう国防省に求めている。

ブッシュ自身は在韓米軍削減に慎重な姿勢を取っており、議会での極端な削減論を抑えながら現実的な選択肢を米軍部に呑ませるために注意深くシナリオを練っていたとみられる。一九九〇年四月一九日、米政府はナン・ウォーナー修正案を受けて「第一次東アジア戦略構想（East Asia Strategic Initiative: EASI-I）」を提出する。報告書は米国が北東アジアにおける「地域的バランサー」としての役割を遂行すると強調し、地域紛争に対処するための機動的な前方展開戦略を基軸とした。

在韓米軍については、兵力削減を伴う三段階の再編案を示した。①第一段階（一九九〇～九二年）では、七〇〇〇人（陸軍五〇〇〇人と空軍二〇〇〇人）の非戦闘要員を撤収し、軍事停戦委員会の国連軍側首席代表を米軍将校から韓国軍将校に交替する②第二段階（九三～九五年）では、北朝鮮の脅威を再評価しながら第二歩兵師団などの再編による追加削減を検討し、共同警備区域（ＪＳＡ）の警備を韓国軍に移管する③第三段階（九六年以降）では、米韓連合軍司令部を解体して在韓米軍と韓国軍が並列的な指揮体系を持つ構想であった。[85]第一段階は在韓米軍の整理という意味合いが強いが、第二段階以降は脅威情勢に応じて削減規模を定める柔軟な内容だった。

その主眼は韓国防衛の担い手を在韓米軍から韓国軍に移行させ、安全保障における主従関係の転換を図ることにあった。[86]ＥＡＳＩ－１公表後に首脳級の南北会談が成立したこともあり、南北対話の進展により米国は韓国の安全保障を巡り「不介入」の程度を高めることができるとみなされていたのである。当時の盧泰愚《ノテウ》政権が公に削減計画に反対した形跡がないのも、北朝鮮の脅威低減が可能だと考えられていたためであろう。[87]第一段階の計画に沿って在韓米軍約七〇〇〇人が一九九二年末までに撤退し、一九九一年三月には、軍事停戦委員会の国連軍側首席代表に韓国軍少将が任命された。翌年には米韓連合軍司令部傘下の地上軍構成軍司令部（General Control Command: GCC）の指揮権が韓国軍に移譲され、司令官に韓国陸軍大将が任命された。しかし、北朝鮮が核関連施設を巡り国際原子力機関（ＩＡＥＡ）の査察を拒否したことを契機に南北高位級会談は途絶し、米韓は一九九一年十一月の第二三回米韓安全保障協議で、北朝鮮が核開発を放棄しない限りＥＡＳＩ－１の第二段階以降の措置を凍結することを決定した。在韓米軍司令官が掌握していた韓国軍の作戦統制権は、平時の作戦統制権のみが一九九四年に移管された。

ブッシュ（子）の在韓米軍削減〜9・11と新たな脅威

二〇〇一年一月に発足したブッシュ（George W. Bush）政権下で進められた在韓米軍削減は、冷戦後の新しい脅威に対抗するための「トランスフォーメーション（Transformation）」と呼ばれる世界的な米軍再編計画の中に位置付けられた。数量を重視した冷戦期の固定型軍事力から二一世紀型の機動力を重視した軍事力への転換を目指し、情報技術（ＩＴ）など核心的技術を軍事分野に応用することによる装備体系、組織、戦術面での「軍事技術革命（Revolution in Military Affairs: RMA）」の必要性はクリントン（Bill Clinton）前政権でも議論されていたが、それを加速させたのは二〇〇一年九月一一日の米中枢テロであった。旅客機を乗っ取った過激派集団が史上初めて米本土を攻撃したこの事件は、国家を単位とする従来型の脅威がテロ組織のような非国家集団へと拡大したことを見せつけた。いつ、どのような手段で仕掛けられるか予想できない新たな脅威に直面した米国は、軍事技術革命を通して米軍を迅速かつ柔軟に展開できる戦闘集団へと変革する必要に迫られたのである。

トランスフォーメーションの基本的な考えは、二〇〇一年九月末に作成された「四年ごとの国防政策見直し（Quadrennial Defense Review Report: QDR）２００１」で提示された。[88] ＱＤＲ２００１はテロや大量破壊兵器といったポスト冷戦型の脅威への対処を念頭に、北朝鮮から中東、カリブ海などに広がる「不安定の弧（arc of instability）」に通常の軍事力では対応できない「非対称型脅威」が集中しているとして、国防戦略の軸足を「脅威に基づくアプローチ」から「能力に基づくアプローチ」に移すことを表明した。予測不能な事態に対応できる即応能力を整備するとともに、米軍の柔軟展開を可能にする在外基地システムの構築を説いたのである。(89) さらに二〇〇三年一一月発表の「世界防衛態勢の見直し（Global Posture Review: GPR）」では、兵力を固定せず地域間の投射能力を高めることを目的に同盟国と米軍再編を協議する方針を表明したのであった。(90)

焦点となったのは、欧州、アジアに集中する米軍の在り方である。とりわけ東アジアに展開する米軍一〇万人の約四割を占める在韓米軍は、前線付近に配置された第二歩兵師団を筆頭に典型的な冷戦型部隊であり、即応力向上を目指すブッシュ政権にとって優先的な再編対象となった。ラムズフェルド（Donald Rumsfeld）国防長官は二〇〇三年二月一三日の上院軍事委員会で、在韓米軍を削減しアジアの機動部隊増強に宛てる方針を表明した。韓国防衛に限定された在韓米軍の役割を、日本を含む北東アジアの紛争に対処する「地域軍」へ拡大する構想があり、盧武鉉《ノムヒョン》次期政権と協議を始める意向だと述べた。(91) 二〇〇二年には北朝鮮が寧辺《ニョンビョン》の核施設を再稼働させ朝鮮半島は再び緊張を帯びていたが、そうした状況下での在韓米軍削減方針には韓国に広がる反米ムードも影響していたとみられる。

二〇〇二年六月に起きた在韓米軍の装甲車が女子中学生二人を轢き殺した事件では米軍法会議で米兵に対する無罪判決が下され、韓国では抗議デモが一挙に拡大していた。この年一二月の大統領選で盧武鉉は対等な米韓関係の構築を掲げて当選したのである。二〇〇〇年六月に行われた金大中《キムデジュン》大統領と金正日《キムジョンイル》朝鮮労働党総書記による初の南北首脳会談以降、韓国では北朝鮮を脅威視する傾向が弱まっていたこともあり、対北朝鮮で融和姿勢に傾くことが懸念された盧武鉉政権に対し「望むなら米軍はいつでも撤退できる」（ラムズフェルド）との牽制球を投げた側面もあった。

兵力削減・再配置の決定〜後方に退く米軍

米韓は二〇〇二年一二月に統一後も見据えた将来の在韓米軍の在り方を検討する未来同盟構想協議（Future U.S.-ROK Alliance Policy Initiative: FOTA）の開催で合意していたが、在韓米軍再編問題は、盧武鉉政権発足直後の二〇〇三年四月に開かれた第一回協議を皮切りに主にこの枠組みを通じて話合われた。(92) 二〇〇四年六月の協議では米国が、在韓兵力の約三分の一に相当する一万二五〇〇人を削減する意向を正式に通知した。(93) 約二カ月後の八月一六日にはブッシュ大統領が演説でアジア、欧州に駐留する米軍約二〇万人のうち六〜七万人を一〇年で撤退させると表明し、在韓米軍削減が世界的な米軍再編構想の一環として行われることが改めて示されたのである。(94)

米韓は二〇〇四年一〇月、在韓米軍一万二五〇〇人を二〇〇八年九月までに段階的に削減することで正式合意し、骨子を次のように定めた。①米国が二〇〇四年八月にイラク戦争に派遣した第二歩兵師団の第二旅団三六〇〇人を含む五〇〇〇人を二〇〇四年に削減する②二〇〇五〜〇六年には、さらに五〇〇〇人を削減③二〇〇七〜〇八年に残る二五〇〇人を削減する。(95) 当初、米国は削減完了を二〇〇五年末と想定していたが、抑止力に空白が生じることを懸念した韓国側の要望を受けてこれを延長した。この間に韓国軍の近代化と在韓米軍の戦力増強を加速させる方針であった。

一方、米軍再編において在韓米軍を「地域機動軍」に変革する構想を掲げていたブッシュ政権は二〇〇三年一一月の米韓安全保障協議で、「戦略的柔軟性（strategic flexibility）」に基づき在韓米軍に韓国防衛以外の任務を付与する意志を明らかにしている。二〇〇四年に第二歩兵師団をイラクに派遣したのは、戦略的柔軟性が実際に在韓米軍に適用されたことを示していた(96)。対北朝鮮抑止に限定されてきた在韓米軍の役割を拡大する過程では、南北が対峙する前線に固定された「導火線」としての米軍部隊を後方に移転させ、韓国軍に任務を移管する計画が並行して進められることになったのである。

未来同盟構想協議では部隊再配置と米軍基地の統廃合も併せて協議されたが、中心となったのがソウル市中心部に広がる龍山基地の移転と、主力部隊である第二歩兵師団の再配置であった。在韓米軍司令部のほか米韓連合軍司令部、国連軍司令部が拠点を置く龍山基地は、二〇〇四年一〇月にソウル以南平沢《ピョンテク》のキャンプ・ハンフリーに移転することで合意した。米軍司令部を完全移転する方針に対して、韓国内では首都から米軍部隊が消えることを不安視する与野党議員から反対の声が上がったが、大統領の決裁で押し切った形だった。

第二歩兵師団に関しては、二〇〇三年一一月の米韓安全保障協議までに米韓が合意した再編計画に基づき、二段階に分けて再配置されることになった。第一段階で関連基地をソウル以北に位置する京畿道東豆川《トンドウチョン》のキャンプ・ケイシーと議政府のキャンプ・レッドクラウドの二カ所に統廃合した後、第二段階で平沢・烏山《オサン》地域へと移転する計画で、移転完了後も前線の合同センターで米軍が交替で訓練することで抑止力の空白を埋めると説明されていた。未来同盟構想協議では、最前線で在韓米軍が担ってきた特定任務の一部を韓国軍に移管することも決定し、二〇〇四年一一月までに板門店の共同警備区域の警備も韓国への移管が完了した。翌年一〇月には有事の際に北朝鮮による長距離砲攻撃への対処で比重を持つ対火力戦遂行本部での指揮・統制任務も韓国軍に移管されたのである。

帰結と影響

ラポート（Leon J. LaPorte）在韓米軍司令官は二〇〇三年五月、〇六年までの三年間で一一〇億ドルを投じる在韓米軍の戦力増強計画を表明し、ハイテク武器の拡充により新たな米韓連合防衛体制を構築する意向を示した。在韓米軍再編に伴う補完措置の位置付けであった。これに伴いパトリオットミサイルや地対空ミサイルの配備が進められる一方、北朝鮮に対する抑止力維持のため多連装ロケットシステムを含む火力戦装備は米軍再編に伴う当初の削減対象から除外された。さらに地上軍削減に伴う補完措置の一環として、第二歩兵師団の残留部隊である第一旅団が増員され、機甲行動部隊として最新鋭の戦闘旅団へと改編することが決定した。第二師団は第一重装旅団戦闘団、多目的航空旅団などの他、直轄の本部大隊を指揮下に置く運用部隊兼司令部に再編されることになった(97)。イラクに派遣された第二旅団は、ストライカー旅団へと再編された。

「いつまでも安保を米軍に頼る考えは正しくない」と述べ自主国防路線の確立に意欲を示していた盧武鉉は、米軍削減に伴う抑止力維持が課題となる中、防衛力強化策を相次いで打ち出した。[98] 二〇〇四年一一月に国防部は米軍再編を踏まえた「協力的自主国防」計画を発表し、韓国軍の役割拡大を表明した。二〇〇八年までに韓国軍が自国防衛で主導的役割を果たすことを目標に、監視偵察能力の強化や先端兵器の開発を掲げたが、これらは前年度比一一％の国防費を維持することを意味していた。独自の防衛力で北朝鮮に対処するのは依然困難であり、「見捨てられる」懸念を払拭できない韓国の厄介な問題は、米側が「戦略的柔軟性」に基づいて在韓米軍の役割拡大を追求していたことであった。

韓国が在韓米軍の戦略的柔軟性の必要性を初めて認めた二〇〇六年一月一九日の米韓戦略対話の共同声明には「韓国民の意思に関係なく北東アジア地域の紛争に介入しない」との表現が盛り込まれ、台湾海峡有事など中国の利害が絡む紛争に「巻き込まれる」ことへの韓国側の懸念が反映されていた。[99] 米国は二〇〇六年二月公表のＱＤＲで「米国と軍事的に競合できる最も大きな潜在力を持つ国」と中国を位置付けており、地域機動軍としての在韓米軍には影響力を増す中国をにらむ部隊としての将来の役割が示唆されていた。[100]

盧武鉉が国家主権の問題として取り上げてきた韓国軍への「戦時」作戦統制権の移管問題は、こうした「巻き込まれる」懸念を軽減するための手段としても必然的に浮上した。米韓は二〇〇七年二月に二〇一二年四月の戦時作戦統制権の移管でいったんは合意したが、「見捨てられる」恐怖と「巻き込まれる」懸念の板挟みとなった韓国では在韓米軍の削減幅や戦時作戦統制権の移管時期を巡って動揺が続いた。相次ぐ北朝鮮の軍事挑発に直面した李明博《イミョンバク》政権下の二〇一〇年、在韓米軍削減計画を凍結して二万八五〇〇人態勢を維持することで合意し、戦時作戦統制権の移管も再延期となった。さらに二〇一四年には事実上の無期限延期が決まり、在韓米軍の機動軍化も構想止まりとなっている。[101]

一方、東アジア全体を巻き込んだトランスフォーメーションの波は、在韓米軍とは対照的に在日米軍の比重を増大させた。二〇〇三年秋から在日米軍再編協議を続けてきた日米は〇六年五月一日に最終報告「再編実施のための日米ロードマップ」を発表した。[102]太平洋からインド洋までを統括する米陸軍第一軍団司令部（米ワシントン州）をキャンプ座間（神奈川県）へ改編・移転し、陸自即応司令部を新設するほか、横田基地（東京都）に航空自衛隊航空総隊司令部を移転することで合意した。横田には北朝鮮や中国をにらむミサイル防衛の拠点となる日米統合運用調整所が設置されることも盛り込まれた。一連の合意は日米の軍事的一体化を印象付けるとともに、日本の司令部機能を強化して東アジアの主要前方展開拠点とする米軍展開の方向性が明確になったといえる。

これに遡る一九九三〜四年の第一次北朝鮮核危機では米軍支援を可能にする日本の法的基盤が未整備であることが表面化し、日米は一九九七年に「日米防衛協力の指針（ガイドライン）」を改定した。第二次ガイドラインには、日本の平和と安全に影響を及ぼす周辺地域で発生しうる事態、朝鮮半島有事を念頭に置いたいわゆる「周辺事態」での対米協力が明記され、一九九九年には協力内容を法的に担保する周辺事態法が成立した。米軍再編で地域安全保障における日米統合作戦の拡大路線が確立したことと合わせて、この時期日本が韓国の安全保障に寄与する手段は経済援助から軍事的手段へと変化を遂げたのである。

5　考　察

本章では、ベトナム戦争以降に在韓米軍削減を政策としたニクソン、カーター、ブッシュ各政権の意思決定過程を分析してきた。結論から言えば、ニクソン政権は第七歩兵師団撤収を計画通りに実行し、全ての在韓地上軍撤退を選挙公約としたカーター政権は任期内に三〇〇〇人を削減するにとどまった。親子のブッシュ両政権は段階的な削減計画で韓国政府と合意したが、北朝鮮の核・ミサイル開発による安全保障環境の悪化を受けて、それぞれ七〇〇〇人、九〇〇〇人を削減した段階で計画を凍結している。米国の世界的な軍事戦略において周辺部とみなされてきた朝鮮半島における米地上軍駐留は、韓国に対する膨大な軍事・経済支援と合わせて〝割に合わない投資〟とみなされてきた。朝鮮半島有事に自動的に巻き込まれるリスクに加え、ベトナム戦争や冷戦終結によりそのコストが過大なものとして認識される中、各政権による在韓米軍削減計画は、朝鮮半島への「不介入」をいかにして

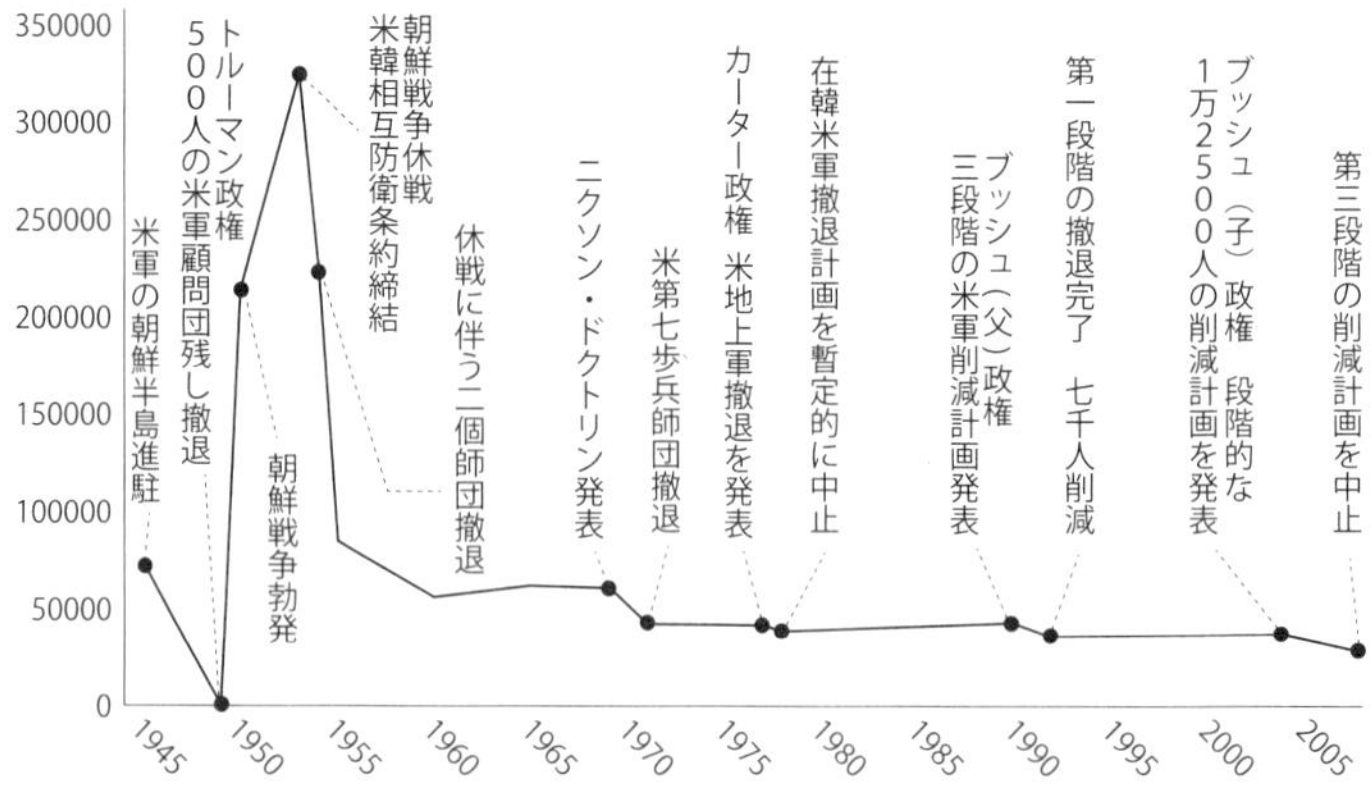

図４　在韓米軍の兵力推移（米国防総省の Defense Manpower Data Center による）

国内外で正当化し、構造的に安定させるかというプロセスであったといって良い。では、その成否に影響を及ぼした要素は何だったのだろうか。

まず問題になるのは、米軍の海外駐留を巡る米国の世界戦略だろう。米国に甚大な人的、財政的損害をもたらしたベトナム戦争の最中に公表されたニクソン・ドクトリンは、米国の国際的な地位回復を目的に、アジアを中心とした在外駐留米軍の削減と同盟国の防衛負担増を柱としていた。ポスト冷戦の米軍駐留態勢の見直しを掲げたブッシュ（父）政権のＥＡＳＩ－１、さらに不確実性の高いテロなど新たな脅威への対処を全面に出したブッシュ（子）政権のＱＤＲ２００１は、ソ連という伝統的脅威の消失を受けて機動性を重視した米軍展開の必要性を世界の基地システムに投影させようとした。これらが世界的な米軍再編計画の中に在韓米軍削減を位置付けた一方で、カーター政権の米地上軍撤退計画はデタントという国際状況を背景にしていたものの個人的な信念に基づく選挙公約という側面が強かった。カーターの人権重視の姿勢も相まって韓国側を狙い撃ちした印象を与えた点は否めない。

北朝鮮に対する抑止力の物理的な証明である在韓米軍の削減は、「導火線」の役割を果たす米軍の再配置と韓国軍への任務移管による「韓国防衛の韓国化」を伴ってきたため韓国側に「見捨てられる」不安を植え付けてきた。在韓兵力削減に合意を得る上で歴代の米政権は、韓国側のこうした懸念を緩和するための補償措置を必要としてきた。米閣僚、高官による韓国防衛の確約といった対韓コミットメントの再保証、韓国軍の近代化支援や武器譲渡、最新兵器の売却などから成る軍事的な補償パッケージが講じられてきたのである。議会側の説得に成功したニクソン政権と異なり、カーター政権はパッケージに必要な予算措置に関する承認を議会から得るのに難儀した結果、地上軍撤退計画の大幅な修正を迫られることになった。韓国の経済・軍事力の向上に伴い、その内容が変化しても、補完措置は抑止力維持を重視する米軍部や国内保守勢力、アジアからの米国退潮に神経をとがらせる同盟国の理解を得る上でも無視できない比重を持っていたのである。

他方、北朝鮮による軍備増強に伴い南北の軍事バランスが動揺すると、朝鮮半島に残る冷戦構造の顕在化により米国の「不介入」を支える論理は説得力を失うことになる。〝韓国であっても〟介入せざるを得ないという朝鮮戦争の教訓が強く意識されるようになるからである。一方で北朝鮮が軍事挑発を続けた直後にニクソン政権が第七師団撤退を断行したのは、大統領のリーダーシップのみならず地域紛争介入によるダメージというベトナム戦争の教訓がより強力な訴求力を持っていたためだろう。[103]

今後も米政権内で浮沈を繰り返すだろう在韓米軍の再編問題を考えるとき、米国が地域紛争関与にかかる国益をどう捉えるのかは重要な指標になると思われるが、北朝鮮による核・ミサイル開発の加速度的な進展は朝鮮半島情勢のグローバル化をもたらしており、「不介入」の程度を高めようとする米国はその歩みを止めざるを得なくなっている。今後は、米国が最大の戦略的競争相手と位置付ける中国をにらんだ在韓米軍の戦略的柔軟性、あるいは韓国軍の戦力増強との相関性から兵力再編の方向性が議論されることになるだろう。

駐留米軍削減による抑止力への影響を緩和する措置として、韓国では国防力増強や南北対話の模索など自主性の強化に向けた動きが顕著になっていった。一方で在韓米軍削減は日本にも米国のアジア離れの懸念をもたらし、対韓コミットメントの補完を求める米側の要請に呼応して韓国への財政支援や朝鮮半島有事での後方支援強化を行ってきたのである。かつて朝鮮半島有事に「巻き込まれる」懸念から韓国支援に慎重だった日本が、経済支援から軍事的支援へと韓国を支えるための手段を拡大させていったのは米国を地域につなぎ留め、自国へのコミットメントを確保するためであった。これらは日米の軍事的統合化だけでなく、間接的に日米韓の連携強化をもたらしてきたのである。

米国が在韓地上軍削減を進めてきた半世紀以上の時間軸において、日米韓は緩慢ではあるが、米国を媒介とした三角形の防衛協力を進展させてきた。その中で北朝鮮による核ミサイル開発が北朝鮮の脅威に直面する日本という構造をつくりだし、日韓双方が自国の安全保障のために協力する環境が形成された影響は大きい。しかし、三角形の一辺を構成する日韓の連携は、対米同盟という共通項、さらに北朝鮮という共通の脅威を、歴史・領土問題がもたらす相互不信が凌駕するため機能不全に陥りがちである。さらに両国が対米同盟において「自律」と「統合」という、相反した方向に向かうが故に脆弱さがつきまとうのである。

注

（1）Dean Acheson. *The Korean War* (NY: W.W. Norton, 1971), p. 20.
（2）鄭勛燮『現代韓米関係史　在韓米軍撤退の歴史的変遷過程　一九四五年〜二〇〇八年』（朝日出版社、二〇〇九年）七一頁。
（3）Memorandum of Discussion at the 276th Meeting of the National Security Council, February 9, 1956, *Foreign Relations of the United States*, 1955–1957, Korea, Volume XXIII, Part 2. (Washington D.C.: GPO). 以下 *FRUS* と略す。
（4）Memorandum for the Record, by Walter Treumann of the Office of Northeast Asian Affairs, June9, 1954, *FRUS*, 1952–1954, Vol. XV, Korea Part 2
（5）李鐘元『東アジア冷戦と韓米日関係』（東京大学出版会、一九九六年）五〇頁。
（6）Editorial Note (Document 251), *FRUS*, 1961–1963, Volume XXII, Northeast Asia.
（7）村田晃嗣『大統領の挫折　カーター政権の在韓米軍撤退政策』（有斐閣、一九九八年）四〇頁。
（8）Letter from the Deputy Secretary of Defense to Secretary State Rusk, August 28, 1962, *FRUS*, 1961–1963,

Volume XXII, Northeast Asia.

(9) 鄭、前掲書、八三頁。

(10) National Security Memorandum No. 298, May 5, 1964, *FRUS*, 1961-1963, Volume XXII, Northeast Asia.

(11) Senate, Committee on Foreign Relations, Subcommittee on U.S. Security Arrangements and Commitments Abroad, Hearings, *United States Security Agreements and Commitments Abroad: Republic of Korea*, 91st Congress, 2nd Session, part 6, February 24, 25 and 26, 1970, p. 1525.

(12) Telegram from the Embassy in Korea to the Department of State, November 25, 1967, *FRUS*, 1964-1968, Volume XXIX, Part 1, Korea.

(13) Telegram from the Embassy in Korea to the Department of State, March 15, 1965, *FRUS*, 1964-1968, Volume XXIX, Part 1, Korea.

(14) 松尾文夫『ニクソンのアメリカ』（サイマル出版会、一九七二年）一六六頁。

(15) リチャード・ニクソン（松尾文夫、斉田一路訳）『ニクソン回顧録①—栄光の日々』（小学館、一九七八年）九一頁。

(16) A Report to the Congress by Richard Nixon, *U.S. Foreign Policy for the 1970's: Building for Peace* (Washington D.C.: GPO, February 25, 1971), pp. 10-21.

(17) 在韓米軍の維持経費は一九六七年には二億八〇〇〇万ドルだったのが、六九年には七億八八〇〇万ドルとなっていた。Senate, Committee on Foreign Relations, Subcommittee on U.S. Security Arrangements and Commitments Abroad, Hearings, *United States Security Agreements and Commitments Abroad: Republic of Korea*, 91st Congress, 2nd Session, part 6, February 24, 25 and 26, 1970, p. 1742.

(18) William P. Rogers, "Self-Help and the Search for Peace", *Department of State Bulletin*, No. 1642 (December 14, 1970), p. 714. 以下、*Bulletin* と略す。

（19）　National Security Decision Memorandum 48, March 20, 1970, *FRUS,* 1969–1976, Vol. XIX, Korea Part 1, pp. 148–150.

（20）　*FRUS*, 1969–1976, Vol. XIX, Korea Part 1, pp. 142–147.

（21）　Minute of a National Security Council Meeting, August 14, 1969, *FRUS*, 1969–1976, Vol. XIX, Korea Part 1, pp. 89–95.

（22）　*The Joint Chief of Staff and National Policy Vol. X, 1969–1972* (Washington D.C.: Office of Joint History, 2013), p. 227. 以下、JCS History と略す。

（23）　*JCS History 1969–1972*, p. 229.

（24）　*New York Times*, July 24, 1970.

（25）　Draft Minutes of National Council Meeting, March 4, 1970 *FRUS*, 1969–1976, Vol. XIX, Korea Part 1, pp. 142–147.

（26）　U.S. Congress. House, Committee on International Relations, Subcommittee on International Organizations, Investigation of Korea-American Relations, 95th Congress, 2nd Session (DC: GPO, 1978), p. 32.

（27）　*FRUS*, 1969–1976, Vol. XIX, Korea Part 1, pp. 152–157.

（28）　*FRUS*, 1969–1976, Vol. XIX, Korea Part 1, pp. 170–173.

（29）　北朝鮮特殊部隊による一九六八年一月二一日の青瓦台襲撃事件では、応戦となった韓米両軍の死者は二八人に上った。二日後の二三日には北朝鮮の元山港周辺で米海軍の情報収集船プエブロ号が拿捕される事件が発生しているが、米側は軍事的な報復措置を取らなかった。一九六九年一月に日本海上空で米軍偵察機ＥＣ－121が撃墜された事件では、米兵三一人が死亡した。報復措置として北朝鮮の飛行場を爆撃する案も浮上したが、レアード国防長官の反対で実現しなかった。(*JCS History 1969–1972*, p. 225.)

（30）　*FRUS, 1969–1976, Vol. XIX, Korea Part 1*, pp. 191–196

(31) *FRUS, 1969–1976, Vol. XIX, Korea Part 1*, p. 164.

(32) 鄭、九四頁。

(33) *Bulletin*, No. 1641 (December 7, 1970), p. 688.

(34) *Bulletin*, No. 1653 (March 1, 1971), p. 263.

(35) なお、レアード国防長官はNSDM48に基づいて一九七四会計年度までに第二歩兵師団を一個旅団規模に削減する追加計画を提示したが、同盟国への影響などを理由に受け入れられなかった。Memorandum for Kissinger from Smith, July 30, 1971, Box H-227, NSC Institutional Files, Nixon Presidential Library.

(36) 鄭、九一頁。

(37) Draft Study Prepared by the Interagency Korean Task Force, undated, *FRUS*, 1969–1976, Vol. XIX, Korea Part 1, pp. 65–68.

(38) 因果関係は明らかではないが、日本の対韓経済援助は韓国の自主国防政策推進とともに増額された。中核プロジェクトである浦項製鉄所建設事業への日本の資金援助は、韓国防衛に間接的に日本が貢献する対応策に位置付けられる。東清彦「日韓安全保障関係の変遷—国交正常化から冷戦後まで—」『国際安全保障』第三三巻第四号（二〇〇六年三月）八九～九〇頁。

(39) 一九七一年五月に日韓を訪問したNSCスタッフのジョン・ホルドリッジは韓国側が「日本の影響力拡大を相殺するためにも在韓米軍が必要」だと認識していると報告している。Report by John H. Holdridge of the National Security Council Staff, April 16, 1971, *FRUS, 1969–1976, Vol. XIX, Korea Part 1*, pp. 230–236.

(40) 鄭、九九～一〇一頁。

(41) キッシンジャーと周恩来国務総理の秘密会談録にある通り米国も第七歩兵師団撤収の延長線上に停戦体制から平和体制への転換を描いていたとみられる。構想が実現すれば、北朝鮮からの脅威は低減し、在韓地上軍の追加削減も可能なるからである。

(42) Telegram from the Embassy in Korea to the Department of State, December 22, 1971, *FRUS*, 1969–1976, Vol. XIX, Korea Part 1, pp. 307–310.

(43) U.S. Congress. House, Committee on Foreign Affairs, Subcommittee on Armed Services, Investigations Subcommittee, *Review of the Policy Decision to Withdraw United States Ground Forces from South Korea*, 95th Congress, 2nd Session (DC: GPO, 1978), pp. 7–8.

(44) *Washington Post*, June 12, 1977.

(45) ドン・オーバードーファー（菱木一美訳）『二つのコリア』（共同通信社、一九九八年）一一〇頁。カーターは、韓国空軍の強化は北朝鮮に予防的な奇襲攻撃の動機を与えるとニューヨーク・タイムズ紙のハロラン記者に指摘されて、米空軍の駐留継続に傾いたという。

(46) National Security Council, “Presidential Review Memorandum/NSC-10: Military Strategy and Force Posture Review, Final Report”, February 18, 1977, Jimmy Carter Library and Museum. https://www.jimmycarterlibrary.gov/assets/documents/memorandums/prm10.pdf

(47) オーバードーファー、一一一頁。

(48) *New York Times*, June 24, 1976.

(49) National Security Council, “Presidential Review Memorandum/NSC 13: Korea”, January 26, 1977, Jimmy Carter Library and Museum. https://www.jimmycarterlibrary.gov/assets/documents/memorandums/prm13.pdf

(50) *JCS History Vol. XII, 1977–1980*, (Washington D.C.: Office of Joint History, 2015), p. 156.

(51) *The Department of State Bulletin*, Vol. LXXVI, No. 1971, April 4, 1977, p. 307.

(52) President’s Meeting with South Korean Minister Park Tong-chin, March 8, 1977, National Security Affairs, Staff Material, Far East, Armacost Chron File, Box 2, 3/1–9/77, Jimmy Carter Library and Museum.

(53) National Security Council, "Presidential Directive/NSC-12: U.S. Policy in Korea", May 5, 1977, Jimmy Carter Library and Museum. https://www.jimmycarterlibrary.gov/assets/documents/directives/pd12.pdf
(54) 『毎日新聞』一九七七年七月二六日、七月二七日。
(55) Your Appointment with Harold Brown to Discuss Korea, July, 1977, National Security Affairs, Staff Material, Far East, Armacost Chron File, Box 4, 7/1-14/77, Jimmy Carter Library and Museum.
(56) 『読売新聞』一九七七年七月二七日。
(57) 『毎日新聞』一九七七年七月二七日。
(58) *Bulletin*, No.1985 (July 11, 1977), p. 49.
(59) *Washington Post*, May 19, 1977.
(60) *CINCPAC Command History*, 1977, p. 50. 在韓米軍司令官は、第二歩兵師団について「実際には戦闘能力での貢献は少なく、韓国軍で代替できる」と評価した上で対韓コミットメントの象徴という意味合いが大きいとの見方を示している。
(61) *Congressional Quarterly Almanac*, 95th Congress, 1st Session, 1977 (DC: Congressional Quarterly, 1977), pp. 350-351.
(62) *Public Papers of the Presidents of the United States, Jimmy Carter, 1978, Book I January 1 to June 30*, 1978 (D.C.: GPO, 1979). p. 122.
(63) Summary of April 11 Meeting on Korea and China, April 14, 1977, National Security Affairs, Staff Material, Far East, Armacost Chron File, Box 7, 4/11-18/78, Jimmy Carter Library and Museum.
(64) *Bulletin*, No. 2015 (June 1978), p. 36.
(65) 鄭、一六九頁
(66) *CINCPAC Command History*, 1978, pp. 101-103.

(67) *Washington Post*, January 4, 1979. *New York Times*, January 4, 1979. オーバードーファー、前掲書、二二八頁。

(68) U.S. Congress, Senate, Committee on Foreign Relations, *A Report by Senator Hubert H. Humphrey and John Glenn, U.S. Troop Withdrawal from the Republic Korea*, 95th Congress, 2nd Session, January 9, 1978. Pp. 27–33.

(69) National Security Council, "Presidential Review Memorandum/NSC-45: U.S. Policy toward Korea", January 22, 1979, Jimmy Carter Library and Museum. https://www.jimmycarterlibrary.gov/assets/documents/memorandums/prm45.pdf

(70) *New York Times*, July 2, 1979.

(71) *Public Papers of the Presidents of the United States, Jimmy Carter, 1979, Book I January 1 to June 22*, 1979 (D.C.: GPO, 1980). p. 247–248.

(72) オーバードーファー、二三四頁。

(73) Announcement on Korean Troop Withdrawal Policy, July 19, 1979, National Security Affairs, Brzezinski Material, Country File, Box 44, 1–6/79, Jimmy Carter Library and Museum.

(74) "My Trip to Korea", Memorandum for President, July 12, 1977, National Security Affairs, Staff Material, Far East, Armacost Chron File, Box 4, 7/1–17/77, Jimmy Carter Library and Museum.

(75) 鄭、一六九頁

(76) Talkers on Korean Troop Withdrawal, May 30, 1978, National Security Affairs, Staff Material, Far East, Armacost Chron File, Box 7, 5/26–31/78, Jimmy Carter Library and Museum.

(77) Initiatives, April 13, 1977, National Security Affairs, Staff Material, Far East, Armacost Chron File, Box 2, 4/13–26/77, Jimmy Carter Library and Museum. Additional U.S. Goals toward Japan, April 21, 1977, op. cit.

(78) Memorandum of Conversation, February 1,1977, National Security Affairs, Staff Material, Far East, Arma-

cost Chron File, Box 2, 4/13-26/77, Jimmy Carter Library and Museum.

(79) Your Meeting with Japanese Defense Minister Asao Mihara, September 13, 1977, National Security Affairs, Staff Material, Far East, Armacost Chron File, Box 4, 9/1-14/77, Jimmy Carter Library and Museum.

(80) Aid to Korea, December 30, 1978, National Security Affairs, Staff Material, Far East, Armacost Chron File, Box 5, 12/77, Jimmy Carter Library and Museum.

(81) Consultations between the Secretary of Defense Harold Brown and the Japanese State Minister for Defense Asao Mihara, September 26, National Security Archive's web site.

(82) Memorandum from Armacost and Oksenberg to Brzezinski, March 4, 1977, National Security Affairs, Staff Material, Far East, Armacost Chron File, Box 2, 3/1-9/77, Jimmy Carter Library and Museum.

(83) 伊豆見元「アメリカの朝鮮半島政策─対韓国関係を中心に」『国際政治』第九二号（一九八九年一〇月）二四頁。

(84) *Korea Herald*, June 4, 1989.

(85) 倉田秀也「米韓連合軍司令部の解体と『戦略的柔軟性』─冷戦終結後の原型と変則的展開」『アメリカにとって同盟とは何か』久保文明編、中央公論新社、二〇一三年、一六二～一六三頁。

(86) *A Strategic Framework for the Asian Pacific Rim: Looking toward the 21st Century, The President Report on the U.S. Military Presence in Asia*, Washington D.C.: Department of Defense, April 1990.

(87) 南北高位級会談は一九九一年一二月に「南北間の和解・不可侵、交流、協力に関する合意書」を採択し、南北の軍事停戦体制を平和体制に転換することを記載した。Intra-Korean Agreements, Seoul, National Unification Board, October 1992.

(88) U.S. Department of Defense, *Quadrennial Defense Review Report*, September 30, 2001（Washington D.C.: GPO）

(89) Ibid. pp. 17-21.
(90) 共同通信配信記事、二〇〇三年一一月二七日。
(91) 共同通信配信記事、二〇〇四年二月一四日。
(92) 共同通信配信記事、二〇〇三年四月九日。
(93) 共同通信配信記事、二〇〇四年六月七日。
(94) *Public Papers of the President of the United States, George W. Bush, 2004, Book 2, July 1 to September 30* (Washington D.C.: GPO), pp. 1668-1673.
(95) 共同通信配信記事、二〇〇四年一〇月六日。
(96) 阪田恭代「岐路の米韓同盟―ポスト9．11の米軍変革の中で」小此木政夫編『危機の朝鮮半島』（慶応義塾大学出版会、二〇〇六年）一二八頁。
(97) 奥園秀樹「盧武鉉政権と米韓同盟の再編」『国際安全保障』第三三巻第三号（二〇〇五年一二月）四八～五三頁。
(98) 阪田恭代「正念場を迎える米韓同盟協議」日本国際問題研究所『北東アジアの安全保障と日本』（日本国際問題研究所、二〇〇五年）八七頁。
(99) 共同通信配信記事、二〇〇六年一月二〇日。
(100) U.S. Department of Defense, *Quadrennial Defense Review Report*, February 6, 2006 (Washington D.C.: GPO)
(101) 共同通信配信記事、二〇一四年一〇月二四日。
(102) 「再編のためのロードマップ」外務省（二〇〇六年五月一日）https://www.mofa.go.jp/mofaj/kaidan/g_aso/ubl_06/pdfs/2plus2_map.pdf
(103) 村田前掲書、七五～八〇頁。

第五章　作戦統制権を巡る相克

1　作戦統制権とは何か

作戦統制権（operational control: OPCON）とは、指揮官が作戦遂行において司令部と部隊を組織し、その部隊を使用するための全面的な権限を指す。通常は各軍の作戦指揮権を通じて行使され、兵站、管理、規律、組織内事項は含まない。作戦命令権（operational command）とは同義とされており、混在して使用される場合がある。命令権（command）とは陸、海、空、海兵各軍が持ち、海空、任務、組織、指示、調整などを行うもので、各軍指揮官が下級組織に対して行使するものである。米韓同盟において、韓国軍の作戦統制権は実質的に米軍が掌握してきた(1)。

朝鮮戦争勃発直後に李承晩《イスンマン》大統領が韓国軍に対する作戦指揮権をマッカーサー国連軍最高司令官に移譲して以降、韓国軍は国連軍最高司令官の指揮下で戦闘を行った。休戦後は一九五四年一一月の米韓合意議事録をもって国連軍司令官が掌握する作戦指揮権が作戦統制権に替わったほか、一九七八年の米韓連合軍司令部の創設を契機に、韓国軍に対する作戦統制権は在韓米軍司令官が兼務する米韓連合軍司令官が掌握する形式となった。現在は平時には韓国軍の合同参謀議長が作戦統制権を有するが、有事には連合軍司令官に権限が移譲する仕組みとなっている。それは米韓両軍が統合性を深める過程と軌道を同じくしている。自国の安全保障を実質的に米国に依存してきた韓国にとって、軍事的統合性の深化は米国をつなぎ留める手段として位置付けられてきた。

だが、同盟関係においては、大国が小国の安全を保障するのと引き替えに小国の主権問題に介入し、その自律性を犠牲にする現象を伴う(2)。作戦統制権を巡る米韓関係は、その典型例といえる。冷戦後、韓国は作戦統制権の返還を米側に求めるが、それは作戦統制権の回復を主権問題と捉え、対米関係において自律性を確保する側面があった。

さらには韓国が南北和平の当時者として自国を位置付け、休戦状態から平和体制への転換を主導する意図もはらんでいた。在韓米軍司令官が国連軍司令官、及び米韓連合軍司令官を兼ねる構造において、韓国軍に作戦統制権が返還されることは、米韓連合軍司令部の解体だけでなく、朝鮮戦争時の作戦司令部であった国連軍司令部の解体にもつながり得るからである。北朝鮮が休戦協定に署名していない韓国について、米国の「傀儡軍」にとどまる状態では平和協定の当事者になり得ないと主張してきたこともあり、米軍による作戦統制権の掌握は、韓国が平和体制の当事者となる上での障害とも考えられてきたのである。

作戦統制権の移管は、指揮系統分離を伴うだけに米韓間の調整を必要とする。南北双方の武力行使を抑止するために作戦統制権の掌握を必要とした米国は長い間、自ら統制権移管を提起することはなかった。しかし、冷戦終結を迎え前線固定型の軍隊から投射能力を持つ軍隊への転換が在韓米軍に求められるようになると、作戦統制権の移管を韓国軍の自立を促し、在韓米軍の戦略的柔軟性を確保する手段として見なすようになるのである。それは米国が模索してきた朝鮮半島への「不介入」路線とも整合性を持つものであった。しかし、韓国にとっては朝鮮半島の平和体制構築で協力を必要とする中国の利害が絡む紛争に巻き込まれる可能性を生じさせ、新たなジレンマを突きつけることになるのである。

本章では外国軍の作戦統制権を米軍が握る異例の取り決めが成立した経緯を概観した上で、国連軍司令部の存続と米韓連合軍体制との関係を明らかにする。その際、米国が朝鮮半島への不介入、あるいは戦略的柔軟性を追求する中で作戦統制権の問題をどう位置付けてきたのか、また韓国が米国からの「自律」あるいは「統合」を志向する上で作戦統制権の移管をいかに捉えてきたのか、その力学に着目する。

2　作戦統制権「二重の機能」

仁川《インチョン》上陸作戦で朝鮮戦争の戦況を逆転させた総司令官マッカーサーは朝鮮半島全域の占領を主張し、その進言をホワイトハウスが承認したことにより国連軍は三八度線を越えて進軍した。しかし、これが中国人民志願軍の参戦を招き、米国は全面勝利が不可能な状況に直面した結果「北進」の放棄に追い込まれるのである。朝鮮戦争は一進一退の膠着状態に陥り、一九五一年夏までには休戦に向けた交渉が始まった。一九五三年三月のスターリン・ソ連共産党書記長の死去、同年一月のアイゼンハワー政権発足という米ソ双方の政権交代を契機に休戦交渉は加速するが、最大の障害は朝鮮半島の武力統一のための「北進」に固執する李承晩大統領であった。

マッカーサーが指揮する多国籍軍は国連憲章第七章に基づく国連が指揮を執る集団的措置ではないが、国連決議に依って「国連軍」の名称を使うことが認められた。国連軍には米国以下一六カ国が部隊提供国となり、国連非加盟国だった韓国は李承晩大統領が一九五〇年七月の大田《テジョン》協定により自国軍の作戦指揮権を国連軍司令官に移譲する形で加わった。「唯一の合法政府」としての正当性を国連に依拠する韓国にとって、国連軍傘下に入ることは朝鮮戦争において正義の旗をまとうことと同義であった。

李承晩は中国軍が北朝鮮に残留した状態で休戦協定を締結するなら、韓国軍を国連軍の指揮下から引き揚げると主張する一方で、休戦交渉に協力する代償として米韓相互防衛条約の早期締結を要求した。休戦を急ぐ米側の意向が揺るがないことを見て取った韓国は、条件闘争でコミットメントを引き出す戦術に出たのである。

一九五三年六月にソウル入りしたロバートソン（Walter Robertson）極東担当国務次官補との協議を通じ、李は停戦後の米韓相互防衛条約締結を条件に休戦交渉に協力することで合意した。これを受けて七月二七日には国連軍と北朝鮮、中国両軍の間で休戦協定が締結された。当初は二国間条約に慎重な構えを示していた当時のクラーク国連軍司令官ら現場指揮官が賛同に回ったことも米政府の判断に影響したとみられ、クラークらが条約と引き替えに李が韓国軍を引き続き米国の指揮下に置くことに合意するなら「百万ドルの値打ちがある」とみなしていたことは前述の通りである[3]。

韓国軍の作戦指揮権は、米韓条約締結後の一九五四年一一月の「韓国軍に対する軍事および経済支援に対する米韓合意議事録」で国連軍が作戦統制権として掌握を続けることが文書化された[4]。停戦後の対韓支援計画を記載した合意議事録は第二項で、国連軍司令部が韓国防衛の責任を担う間は「韓国軍を国連軍司令部の作戦統制権（operational control）の下に置く」と定めている[4]。これには、停戦合意を瓦解させかねない韓国単独の武力行使に米国が「巻き込まれる」ことを防ぐ狙いが込められていたのである。

一方、インドシナ半島からのフランス全面撤退につながった一九五四年五月のディエンビエンフー陥落後の中国脅威論の高まりを受け、共産主義勢力による韓国攻撃を抑止するという本来の機能が改めて重視される地合いにあった。停戦後の韓国への米軍残留の是非を巡っては、極東軍などに否定的な見方も根強かったが、一九五三年八月に「巻き返し」論者として知られるラドフォード（Arthur Radford）提督が制服トップの統合参謀本部（ＪＣＳ）議長に就任すると、共産主義に対する強硬姿勢が強調され、反共の前進基地として韓国の重要性が主張されるようになっていたのである。朝鮮戦争後のアイゼンハワー政権の新たな極東戦略が形成される中で、国連軍による韓国軍の作戦統制権の掌握は、南北双方の武力行使を抑えることで朝鮮半島の現状維持を図る機能を帯びていったといえる。

ちなみに一九六一年五月の朴正熙《パクチョンヒ》少将（後に大統領）らによる軍事クーデターでは、国連軍司令官の許可なく韓国軍の部隊が動員されたが、金鍾泌《キムジョンピル》（後に首相）とマグルーダー（Cater B. Magruder）国連軍司令官による共同声明で作戦統制権は「共産侵略から韓国を防衛する際のみ」行使することになり、首都防衛部隊が国連軍司令部の作戦統制下から除外された。

3　米韓合同軍司令部の設置

国連軍司令部「廃止」論

在韓米軍司令官は一九七〇年代後半まで四つの指揮官ポストを兼ねてきた。在韓米軍司令官に加え、国連軍司令官、米陸軍第八軍司令官、国連軍構成司令官である。

米軍将校が韓国軍や国連軍を指揮下に置く根拠は、国連軍総司令官がこれらの作戦統制権を有するためであり、その結果として韓国軍の大半を占める韓国陸軍は韓国にいる米陸軍第八軍とともに国連軍地上編成を構成する。その司令官は米陸軍第八軍司令官、つまり在韓米軍司令官となる。陸軍に比べて規模が小さい韓国海軍・空軍が、それぞれ米海軍・空軍との間で国連軍の海軍構成、空軍構成を編成する。陸・海軍は韓国を管轄区域とするのに対し、在韓米空軍を構成する第三一四航空師団は、東京に司令部がある第五空軍の指揮下にあった。つまり、第三一四航空師団長は在韓米空軍の司令官でありながら、日本にいる第五空軍の命令を受けるのである（八六年九月に、在韓米空軍は第七空軍として独立した）。

このように複雑な指揮系統を持つ米韓の統合作戦の一体化を支える枠組みが国連軍司令部であった。国連軍司令部が解体されれば米韓統合作戦の遂行は困難になる可能性があり、デタントを迎えた一九七〇年代はそうしたシナリオが現実味を帯びた時期であった。

国連は、一九四八年一二月に韓国を唯一の合法政権と認定して以来、一九七〇年の第二五回総会まで韓国代表だけをオブザーバーとして招聘してきた。この間に北朝鮮を支持する非同盟諸国などの国連加盟国による南北同時無条件招聘案への賛成票が増えてきたため、韓国を支持する加盟国は一九七一、七二年に資格問題を棚上げする決議で対抗した。一九七三年の総会では南北同時招聘が実現し、一九七四年からは韓国と並んで北朝鮮が国連総会へオブザーバー参加することになった。朝鮮戦争以来、韓国だけの正統性を支えてきた国連軍機構の解体を求める北朝鮮の参加は、米韓統合作戦の存立基盤を揺るがしかねない面があった。

国連軍司令部解体を巡る米政府内の議論は、ニクソン政権下の一九七二年から本格化したが、これは前年一〇月に中国の国連復帰が決まった影響が大きかった。国連の権威を借りる形で展開されていた米国の朝鮮半島政策は動揺し、米中接近に刺激される形で進んだ南北対話の進展がこれに拍車をかけていた。当事者による朝鮮半島問題の解決を重視する機運が高まる中、米政府は「外部勢力」である米軍主導の国連軍司令部の正当性が国連で問われる可能性が高いとみていた(6)。

ニクソン政権は国連軍司令部が果たす主な役割を次のように整理していた。①韓国軍に対する作戦統制権を行使することで、韓国の対北朝鮮攻撃を抑止する②朝鮮半島有事で第三国の兵力を動員する③停戦協定の監視を行う④米国やその他の軍が韓国防衛をする際に、事前協議を経ずに日本の基地を使える条件を提供する⑤北朝鮮の武力攻撃を国連に対する攻撃とみなし、北朝鮮を心理的に圧迫する根拠となる[7]。国連軍司令部が解体されても、米韓相互防衛条約に基づく米軍駐留には直接的な影響は生じないが、米側による韓国軍の作戦統制権の掌握や、有事での日本の基地使用に制限が生じる懸念があるとみていたのである[8]。

米軍部の検討作業

ニクソン大統領が国連軍司令部解体時に備えた検討作業の開始を正式に命じたのは一九七三年末であった[9]。これを受けて統合参謀本部は想定される新たな指揮系統について米太平洋軍司令部と国連軍司令部から意見を求め、次の選択肢を提示した。①在韓米軍が国連軍司令部の権限を引き継ぎ、韓国軍の統制権を維持する②太平洋軍の下に米韓合同司令部を設置する③在韓国の米軍に対する命令及び統制権を持つ唯一の司令部として在韓米軍司令部を位置付け、韓国軍の上級司令部の下で韓国軍と並存する。統合参謀本部は②の米韓合同司令部設置案を支持した[10]。

これに対する翌年一月四日の太平洋軍の回答は、南北対話の進展や韓国の経済成長を挙げ「韓国軍の統制権を保有できる環境は変わった」との認識を示した上で、米軍の運用柔軟性を確保する一方で韓国の国内的安定を損なわないよう、作戦統制権の段階的返還案を示した。最初の段階では太平洋軍下に米韓連合軍司令部を設置して、国連軍司令官から韓国軍の作戦統制権を移管する。次の段階では、在韓米軍を太平洋軍に兵力を依存する下級統合軍として位置付け、韓国軍の作戦統制権を連合軍司令部から韓国政府に返還する。最終段階で在韓米軍は全面撤退する想定である。国連軍が担う休戦監視の役割も他機関に移管する構想だった(11)。

太平洋軍はこの提案について、朝鮮有事での自動的な介入を回避し、韓国防衛への直接的関与を低減できる利点があると説明していた。一方で、韓国軍に対する影響力が弱まり、アジアから米国が退却するとの印象を中ソに与える結果、地域の不安定化を招く懸念があるのが欠点だとしている。国連軍は太平洋軍下に米韓連合軍司令部を置く構想について、対等性の観点から韓国が難色を示す可能性があるとして慎重な協議が必要との見方を示した(12)。一九七四年三月、統合参謀本部は太平洋軍の提案を基に段階的な作戦統制権移管を軸とする提言をキッシンジャー大統領補佐官に提出し、四月には国務省と国防総省から構成される米代表団と韓国政府との協議が始まった。

この間、国務・国防両省も、国連軍司令部の解体を一方的に迫られる事態を回避するため、その「存在感を希薄にする」ための検討を重ねていた。フォード政権発足後の一九七五年四月の両省合同メッセージは、国連軍司令部の役割を停戦監視に限定し、在韓米軍施設に掲げられてきた国連旗も国連軍司令部に限って掲揚する方針を示した(13)。これには、朝鮮半島の平和体制樹立までの漸進的措置としての国連軍司令部の正当性を強調するだけでなく、国連軍司令部が解体された後でも米軍駐留を正当化できるよう国連軍と在韓米軍の切り離しを図る狙いがあった。これに沿って米国は一九七五年、将来の国連軍司令部解体に同意する決議を国連安保理に提出したが、あくまで平和体制の枠組みを巡る当事国の交渉成立が前提条件としていた。その年の国連総会では、国連軍解体と外国軍の撤収を求める北朝鮮支持加盟国による決議が米主導の決議と同時に採択され、当面の国連軍司令部の温存が図られたのである(14)。

この間、韓国は南北平和協定の締結を求める北朝鮮に対し、米国との同盟強化を優先させることを選択した。朴正熙大統領は一九七四年一月に平和協定に消極的な見方を示した上で、代わりに不可侵条約の締結を提案している。北朝鮮の求めに応じて平和協定を結ぶことは、国連軍司令部の解体だけでなく在韓米軍撤退の呼び水になる恐れがあったためである。これに対し北朝鮮は、韓国軍の作戦統制権を米国に握られた状態では意味がないとして不可侵条約の提案を拒否し、米朝間の平和協定を要求する姿勢に転じた。これ以降、平和体制を見据えた南北対話の行方には、作戦統制権を巡る課題が付随することになった。

カーター撤退計画の衝撃

一九七四年春以降の在韓国連軍再編を巡る米韓協議では、国連軍司令部が持つ韓国軍の作戦統制権を段階的に移管する案について検討が続いた。第七歩兵師団の撤退に伴い編成された米韓第一軍団に所属する韓国軍の作戦統制権、そして国連軍地上編成を構成する韓国第三軍の作戦統制権を返還する内容である。一九七五年には韓国側も米韓連合軍司令部の設置に大筋賛同したが、新たに設置される米韓連合軍司令官の指揮下に米軍部隊を置くかどうかに関しては、運用柔軟性の低下を懸念する声が米軍部内で上がり、調整に時間が割かれることになった。こうした中、南北軍事境界線付近での秘密トンネルなど北朝鮮による武装工作が顕在化すると、議論は米軍が韓国防衛への関与を強める方向へと転換していく。

だが作戦統制権を巡る検討作業に最も大きな影響を与えたのは、一九七七年一月に発足したカーター政権が公約として掲げた在韓地上軍撤退計画であった。本来、米韓連合軍司令部は近い将来の解体が予想されていた国連軍司令部に代わる統合枠組みとして考案されたものだが、拙速ともいえるペースで地上軍撤退を断行しようとするカーター政権下において、兵力削減に伴う抑止力低減を補完する措置として急きょ組み替えられることになった。

一九七七年四月二七日の米国家安全保障会議（NSC）では対韓コミットメントを保証するための計画を策定する方針が決まり、地上軍撤退後の米韓の指揮系統を巡る検討が米軍部内で加速した。太平洋軍司令部は五月一日に統合参謀本部に提出した見解の中で、米軍将校をトップとする米韓連合軍司令部の設置が韓国軍への影響力を維持する上で不可欠だと指摘し、米地上軍撤退まで米韓連合軍司令官が韓国軍の作戦統制権を掌握すべきだと強調した。国連軍司令部に関しても、停戦監視を担う新機構が設置されるまでは堅持すべきだと主張していた(15)。地上軍撤退に伴う強力な補完措置を訴えていた統合参謀本部は、太平洋軍の見解に沿って米韓連合軍司令部の設置と国連軍司令部の維持を提言した。

米地上軍の撤退計画について米韓が合意した一九七七年七月二六日の安全保障協議（SCM）では、韓国に対する一連の補完措置が明らかにされ、米陸軍大将を司令官、韓国陸軍大将を副司令官とする米韓連合軍司令部の設置や国連軍司令部を継続する方針も盛り込まれた(16)。形式上は国連軍が停戦協定の当事者として存在する一方、米韓連合軍司令部が韓国防衛の責任を担うことが規定されたのである。在韓米軍司令官は新たに米韓連合軍司令官を兼任することになった。これに伴い国連軍が保持していた韓国軍の作戦統制権は米韓連合軍司令官に委任され、国連軍司令官は国連支援部隊にのみ統制権を行使するようになった。

米韓連合軍司令部は翌年一九七八年一一月七日に創設され、朴正熙大統領は創設式典で「いかなる状況下でも米韓が朝鮮半島での新たな戦争を抑止する決意を示すもの」と合同軍司令部の意義をたたえた。米地上軍撤退計画に同意する代わりに対韓コミットメントの強化を求めてきた朴にとって最も重要な収穫といえた(17)。

前述のように一九七九年には北朝鮮の軍備増強が判明し、米議会でも反対勢力が支配的になると、米地上軍撤退計画は実質上中止に追い込まれた。一方で米韓両軍は連合軍体制を通じて統合の程度を高めていった。米韓連合軍司令部の指揮下に米軍部隊を置くかどうかについては議論が一九八〇年以降も続いたが、第三八防空砲兵旅団[18]に加えて、デフコン（防衛準備態勢）が格上げされた際には第二歩兵師団と第三一四航空師団の統制権も米韓連合軍司令部に移管することで最終的に決まった[18]。主力の第二歩兵師団に関しては、有事の自動介入を迫られるとして太平洋軍が難色を示したが韓国側の要望で緊急度に即した作戦統制権の移管で折り合った形であった。

4　作戦統制権移管の模索

南北平和体制の中の統制権

一九八七年に一六年ぶりとなる大統領直接選挙で勝利した軍人出身の盧泰愚《ノテウ》が選挙公約として作戦統制権の移管に言及したのは、米韓連合軍体制の解体が韓国主導による南北間の敵対関係解消と連動すると考えたためであった。

八〇年代中盤以降の経済成長を受けて体制間競争における韓国優位が鮮明になる中、盧泰愚は南北統一に向けた国際環境整備の一環として中ソなど北朝鮮の同盟国との関係樹立を旨とする「北方政策」を展開した。一九九〇年には首相級の南北会談が始まったが、在韓米軍削減による「見捨てられる」恐怖から対話に乗り出した朴正熙と異なり、冷戦終結に即した朝鮮半島の平和体制への転換を念頭に置いた接触の試みであった[20]。

米側にもこれに呼応する動きが出てきた。レーガン政権から「双子の赤字」を継承したブッシュ（父）政権では、国力を増した韓国に多数の米地上軍を継続駐留させることの是非を巡る再検討が加速した。冷戦後の在外米軍の態勢見直しを求める米議会の要請を受けてブッシュ（父）政権が一九九〇年四月に提出した「第一次東アジア戦略構想（ＥＡＳＩ－１）」は、兵力削減を伴う三段階の在韓米軍再編計画を提示した[21]。韓国防衛の任務を米軍から韓国軍に移す「韓国防衛の韓国化」を進めるため、一九九六年以降の第三段階では、米韓連合軍司令部を解体し、在韓米軍と韓国軍が並列的な指揮体系を持つ構想であった[22]。最終段階では国連軍の停戦監視任務を韓国に移行させることも想定されていたのである[23]。

南北が対話を志向する状態にあっては単独軍事行動の「歯止め」として米軍が韓国軍の作戦統制権を掌握する必要性は低減していた。一九九一年一〇月の米韓安全保障協議で「平時（停戦時）」の作戦統制権のみを第二段階（一九九二～九四年）に該当する期間に移管することで合意し、一九九四年一二月に移管が実施された。「平時」に限定した作戦統制権の移管が決まったのは、韓国側が単独の指揮による有事対処は時期尚早として「有事」の統制権返還の延期を申し出たためであった。

南北対話ではこれに即した進展はみられなかった。一九九一年一二月には「南北基本合意書」が採択され、南北朝鮮は相互不可侵や南北交流の拡大で合意した。しかし、最大貿易相手のソ連崩壊を受けて体制面での劣勢が不可逆的なものとなった北朝鮮は核兵器など大量破壊兵器の生産に舵を切る。

北朝鮮が核査察を拒否したことを契機に南北会談も途絶し、ＥＡＳＩ－１の第二段階以降の措置凍結が決定したのは既述の通りである。北朝鮮は一九九三年に核不拡散条約（ＮＰＴ）からの脱退を宣言すると、以降核開発を外交カードとして利用し米朝協議を通じた問題解決を志向するようになる。北朝鮮にとって経済力、軍事力で優勢にある韓国主導で進む南北共存体制は都合の悪いものであったのである。

「戦略的柔軟性」を巡って

「有事」作戦統制権の移管を米政府に正式に提起したのは、盧《ノ》武《ム》鉉《ヒョン》大統領であった。二〇〇三年一一月の大統領選で、「水平的」な対米関係の構築と朝鮮半島に残る冷戦構造の解消を掲げて当選した盧は、米韓同盟五〇年の節目に当たる翌年の光復節（八月一五日）演説で韓国軍が「いまだに独自の作戦遂行能力や権限を持っていない」と述べ、作戦統制権を他国に掌握されている状態が国家主権に関わる問題だとの認識を早期から示していた。そして、二〇〇五年に入ると三月の空軍士官学校任官式の演説で一〇年以内の統制権返還に言及し、(24)未来同盟構想協議（ＦＯＴＡ）の後身となる九月の安全保障政策構想（Security Policy Initiative: SPI）協議で米側に提案するに至るのである。(25)その背景には米国のブッシュ（子）政権が唱える先制攻撃論があった。

ブッシュ大統領は米中枢テロの翌年、二〇〇二年一月の一般教書演説で、テロ支援国家が大量破壊兵器で同盟国を脅かすのを阻止することを最大目標とし、イラン、イラクと並び北朝鮮を「悪の枢軸」と名指しした上で、これらの国に対する先制攻撃の可能性を排除しなかった[26]。二〇〇三年三月、米英軍の空爆で幕を開けたイラク戦争は先制攻撃が米国の軍事ドクトリンとして実践されたことを示した。韓国には米国が次の標的として北朝鮮に目を向けるかもしれないとの懸念が広がったが、米軍の先制攻撃を受けた北朝鮮が応戦すれば、同盟国である米国の指揮下にある韓国軍が望まない戦争を戦わざるを得ない可能性も払拭できないと考えたからである[27]。

ブッシュ政権が世界的な米軍再編の一環として、在韓米軍の「戦略的柔軟性」を追求したことも大きい。不確実性の高いテロの脅威に対抗するため地域間を投射する能力を重視したブッシュ政権は、在韓米軍についても兵力削減とともに対北朝鮮抑止に限定されない地域機動軍への転換を掲げた。米軍が保有する韓国軍の作戦統制権は韓国の「有事」に限定され、朝鮮半島以外での戦闘に直接適用されることはない。しかし、米軍再編の過程でソウルと軍事境界線の間に作戦任務が固定されていた米第二歩兵師団の後方移転が進められ、機動軍としての体裁を整えつつある中では、韓国は第三国での戦闘に巻き込まれる不安を抱えていた。

二〇〇三年八月に始まった北朝鮮核問題解決を目指す六カ国協議で主催国中国の影響力に期待していた韓国は、とりわけ台湾有事で協力を求められる事態を恐れていた。盧武鉉が北東アジアの「バランサー（均衡者）」の役割を強調したのは、等距離外交を通じて米中の対立に巻き込まれるのを回避したい意向があったとみられる。韓国側は作戦統制権を回復した「自主軍隊」となることで、こうした懸念を解消しようとしたのである。

当初、米側は韓国軍の独自対処能力に不安があるとして移管に消極的だったが、二〇〇六年七月の協議でベル（Burwell. B. Bell）在韓米軍司令官が「韓国軍は二〇〇九年までには国防を担う十分な能力を持てる」と述べるなど韓国側の要請を受け入れる姿勢に転じた。米国防総省はこの時期、在韓米軍の追加削減の可能性に言及しており、作戦統制権移管と引き替えに米軍の運用柔軟性を高める余地を見て取ったのである。(28)移管時期に関しては、米側が二〇〇九年を打診したのに対し、北朝鮮対処に十分な防衛力を備える必要があるとして韓国側が中期国防計画が終了する二〇一二年を要求した。(29)米韓国防相は結局、二〇〇七年二月二〇日の協議で戦時作戦統制権を二〇一二年四月一七日に韓国軍に移管し、米韓連合軍司令部を解体することでひとまずは合意した。

二〇〇六年一〇月に北朝鮮が初の核実験を強行したことを受けて、韓国では米韓同盟の弱体化を懸念する声が強まっていたにもかかわらず、統制権移管のめどが立った段階で盧武鉉が南北首脳会談の準備を進めたことは付記すべきだろう。二〇〇七年一〇月に行われた南北首脳会談で盧武鉉と金正日《キムジョンイル》総書記は「南北共同宣言」に署名し、恒久的な平和体制樹立のため協力することで一致した。この時点で盧武鉉は、戦時作戦統制権の移管を平和体制樹立に向けた条件整備と読み替え、米韓同盟を敢えて弛緩させることで朝鮮半島問題を地域化しようとしたといえる。だが、その試みは米韓同盟の修復を優先する保守派政権の発足と共に潰えることになった。

国連軍「再活性化」

北朝鮮に対する融和姿勢が米国の不信を招いた盧武鉉政権の後続として二〇〇八年二月に発足した李明博政権にとって、対米関係の「復元」が優先課題となった。

二〇〇八年四月一九日に開かれたブッシュ（子）大統領との首脳会談では北朝鮮の核開発阻止へ共同歩調を取り、在韓米軍二万八五〇〇人規模を維持することで合意した。さらに米韓同盟を二一世紀型の戦略同盟として発展させることも一致し、在韓米軍の「戦略的柔軟性」を原則的には否定しない姿勢を示した。オバマ（Barak Obama）政権発足後の二〇〇九年六月にワシントンで開かれた米韓首脳会談の共同文書「米韓同盟未来ビジョン」でも、米韓関係を、半島を超えた「地域及びグローバル」な領域に踏み込んだ「包括的戦略同盟」とする意向が打ち出されたのである。(30)

オバマ政権は二〇一〇年二月公表の「四年ごとの国防政策見直し（The Quadrennial Defense Review: QDR）」で、在韓米軍について世界の有事に派遣するための兵力を「プール」する構想を明らかにする一方、中国の「接近拒否・領域拒否（anti-access and area-denial: A2/AD）」能力を打破するための軍事作戦の重要性に言及していた。オバマ政権下でも対中ヘッジを視野に入れた米韓同盟強化の可能性は鮮明になっており、韓国軍の戦時作戦統制権移管と在韓米軍の戦略的柔軟性は相関関係にあ

ったのである。(31)

二〇一〇年三月には北朝鮮が発射したとみられる魚雷攻撃で韓国海軍の哨戒艦「天安」が沈没した。金大中、盧武鉉による過去一〇年の革新政権による対北朝鮮政策を失敗とみなしていた李明博は圧力路線に傾斜しつつあったが、攻撃を北朝鮮の軍事挑発とみなして制裁措置を発表すると、米側には戦時作戦統制権の移管延期を要請した。米韓首脳は二〇一〇年六月の会談において正式に作戦統制権の返還時期を二〇一五年一二月一日に延期することで合意した。(32)二〇一〇年一〇月には北朝鮮軍が南北境界水域に位置する延坪島《ヨンピョンド》を砲撃し、米韓連合軍体制下でも北朝鮮の相次ぐ軍事挑発を抑止できなかったことで、韓国側は戦時作戦統制権の移管に一層慎重になっていくのである。

戦時作戦統制権の移管延期に伴い、在韓米軍に戦略的柔軟性を持たせるための再配置も同じ二〇一五年末に完了させる計画となった。二〇一〇年一〇月の米韓安全保障協議で承認された「戦略同盟二〇一五」では、盧武鉉時代の米韓合意に基づき、龍山《ヨンサン》基地を平沢《ピョンテク》と烏山《オサン》を中心とする「南西ハブ」に移転、ソウル以北の第二歩兵師団司令部も平沢に移転する計画が確認された。さらに大邱《テグ》から日本海に面する釜山《プサン》、浦項《ポーハン》に至る一帯を戦時における事前集積と増員のための「南東ハブ」に位置付けた。(33)「南東ハブ」の大邱には、二〇〇九年にセンター長を米軍少将、副センター長以下を国連軍構成国軍が務める多国間調製センター（Multi-National Coordination Center: MNCC）が設置されており、その役割は韓国の戦時に来援する米軍の接受や前方移動を調製することであった。戦時作戦統制権移管後に米韓連合軍司令部が解体されても、国連軍司令部が存続している限り在韓米軍が国連軍司令官を兼任する地位に変化はなく、国連軍基地の指定を受けた在日米軍基地から発進する部隊や他の国連軍構成国軍を指揮できるのである。

倉田秀也が指摘するように、「戦略同盟二〇一五」が示した在韓米軍の戦略的柔軟性とは、米軍が韓国から半島外に展開する上での柔軟性だけではなく、在日米軍など他の地域に展開する米軍を韓国で在韓米軍が受け入れる上での柔軟性も伴っていた。それは、作戦統制権移管後の有事対応をにらんだ国連軍司令部の再活性化の方向性を示すものであった。

遠のく「有事」移管

二〇一一年一二月の金正日総書記死去を受けて息子の金正恩《キムジョンウン》体制に移行した北朝鮮は、米本土に到達する核ミサイル開発を進めることで対米核抑止力を強化し、韓国には軍事強硬姿勢で臨む姿勢を鮮明にした。朴正熙の長女朴槿恵《パククネ》が勝利した二〇一二年一二月の韓国大統領選直前に事実上の長距離弾道ミサイルを発射し、朴の大統領就任直前の翌年二月一二日には三回目の核実験を実施した。同年三月の米韓の定例合同軍事演習「キー・リゾルブ」の開始時には南北間の不可侵合意破棄を表明したのである。

任期内に戦時作戦統制権移管を推進するとしていた朴槿恵は、対北朝鮮抑止力の確保を名目に米韓連合軍司令部を維持・強化する政策に転じていく。シンガポールでの二〇一三年六月の米韓国防相会談では、作戦統制権移管後に韓国軍の合同参謀本部議長が司令官、在韓米軍司令官が副司令官を務める「米韓連合戦区司令部」に米韓連合軍司令部を改編する合意が発表された。「韓国軍主導・米軍支援」へと指揮体系を逆転させる初の構想だったが、この直後に韓国が作戦統制権の移管再延期を米側に要請したことが報じられ、オバマ訪韓時の二〇一四年四月の米韓首脳会談で移管時期を再検討することで合意するのである。同年一〇月の第四六回米韓安全保障協議では、米韓連合軍司令部の維持を確認し、これ以降の戦時作戦統制権の移管時期に関しては韓国側が連合軍体制を主導する能力を備えることを前提とした「条件ベース」で協議することが決まった。新たな移管時期は示されず、事実上の無期限延期であった[34]。

在韓米軍の再配置計画にも変更が加えられた。米韓連合軍司令部の平沢移転を延期し、侵攻初期に予想される北朝鮮の多連装ロケット砲の攻撃に対処する能力が韓国軍に不足しているとして、同じく平沢に移転予定の第二歩兵師団傘下の第二一〇火力旅団がソウル北方の東豆川《トンドゥチョン》に残留することになった。在韓米軍の「導火線」としての機能は残されたのである。

さらに二〇一五年六月には、米韓連合師団が創設された。第二歩兵師団長の米軍少将が師団長を兼任するこの部隊は二カ国混成から成る初の師団とされ、米韓の一体運用を強化するものであった[35]。朴政権はこの時期、韓国独自のミサイル防衛能力（Korea Air and Missile Defense: KAMD）の強化も打ち出しており、北朝鮮のミサイル発射を探知、先制攻撃する「キル・チェーン」や射程を伸ばした韓国の弾道ミサイルによる「大量報復戦略」と合わせて、二〇二〇年までに作戦統制権移管に必要な中核能力を備える方針とされたが、この達成にも指揮統制能力や監視・偵察能力を筆頭に、米軍の軍事先端技術に依存することが前提とされたのである。

韓国は、北朝鮮が対米核抑止力を強める中で通常兵器による韓国攻撃にも米軍が対処するのか、デカップリングの懸念を抱いていたとみられる。そうした中、米軍に継続して作戦統制権を掌握させ、在韓米軍の「導火線」としての役割を残すことで韓国防衛への米国関与を確実にしようとしたといえる。そこでは作戦統制権の移管を南北平和体制と連動させる発想は希薄であり、むしろ米韓連合軍体制を強化することで同盟の現状維持を図ろうとする意図が強く反映されていた。米国が在韓米軍の戦略的柔軟性を志向する中、北朝鮮抑止にその役割をとどめることで経済関係でも依存を深めていた中国との対立を避ける意向も働いていたとみられる。

二〇一三年に「中韓未来ビジョン共同声明」を発表し、中韓FTAを含む戦略的協力パートナーシップの発展で合意するなど朴政権期に〝蜜月〟を迎えた中韓関係は、米軍の終末段階高高度地域防衛ミサイル（THAAD）の韓国配備が米国による対中軍事圧力の一貫だとして反発したことで急速に悪化した経緯がある。朴槿恵も米中との「調和のとれた協力関係」を掲げており、対立する二大国との距離を巡る懸念は保守、革新勢力ともに共有していたのである。

5　展望と考察

朴槿恵の弾劾・罷免を受けて二〇一七年五月に韓国大統領に就任した文在寅《ムンジエイン》は、「自主国防」を掲げ、戦時作戦統制権の移管について二〇二二年までの任期内の実現を公約とした。大統領秘書を務めるなど最側近として盧武鉉を支えた文在寅は、朝鮮半島の冷戦構造解消へ朝鮮戦争の休戦協定を平和協定に転換する必要性に度々言及しており、盧武鉉同様に戦時作戦統制権の返還を南北平和体制樹立の条件と捉えていた節がある。

ミサイル偵察能力の強化など戦時作戦統制権移管をにらんだ国防力強化を「国防計画2・0」に沿って進め、国防予算の伸び率は五年間で三七%となった。だが、二〇一八年の初のトランプ（Donald J. Trump）大統領、金正恩朝鮮労働党委員長による米朝首脳会談後に非核化の進展がないまま融和ムードが萎えると、北朝鮮の核・ミサイル能力の高度化は加速度的に進行する一方、新型コロナウイルス流行による演習中断などで、任期中に作戦統制権移管の「条件」とされた連合軍体制の指揮能力を検証するめどは立たなかった(36)。

一方で、盧武鉉政権下で合意した在韓米軍の再配置は進展した。二〇一七年七月には龍山の第八軍司令部が平沢に移転し、一八年六月には在韓米軍司令部、国連軍司令部が移転を完了した。二〇一九年にはソウルに残る米韓連合軍司令部も移転することで合意した。米韓は二〇一八年一〇月にソウルで開催された第五〇回米韓安全保障協議で有事作戦統制権の移管を進める方針を確認し、移管後に韓国軍大将が司令官、米軍大将が副司令官を務める「未来連合司令部（Future Combined Forces Command）」を設置するとした(37)。米軍が駐留国軍の統制を受けた例はなく、対北朝鮮抑止で韓国軍が米軍に大きく依存する中で「韓国軍主導・米軍支援」の指揮体系を持つ連合軍体制が有事に実効性を持ち得るのか不透明な部分が多い。しかし、米陸軍少将が国連軍司令部参謀長に在韓米軍のポストを兼任することなく任命されるなど近年の国連軍司令部強化の動きから判断すれば、実際の有事には在韓米軍司令官を兼ねる国連軍司令官の米陸軍大将が多国籍軍を指揮し、インド太平洋軍（旧太平洋軍）に増派要請を行う「国連軍再活性型」などが有力視されている(38)。

将来の米韓指揮体系がどのような形式を取るにしても、米国が「韓国防衛の韓国化」を進め、朝鮮半島有事の初期段階における在韓米軍の脆弱性を低減させる路線に変化は見られないだろう。米国は在韓米軍の戦略的柔軟性を将来の方向性として依然掲げてはいるが、在韓米海軍が実戦部隊を持たないなど装備、体制上は地域軍としての体裁を備えているとはいえない。現状ではむしろ、国防力を増強させる韓国軍に北朝鮮対処の主軸を移行させることで、米軍が中国対処に能力を振り向けることに主眼が置かれているようである。二〇二一年一月に発足したバイデン（Joe Biden）米政権下で実施された初の米韓首脳会談では、一九七九年以来、韓国軍のミサイル射程距離を制限してきた米韓ミサイル指針が撤廃された。(39) 任期内の戦時作戦統制権の移管が絶望的になった文在寅政権の自主国防の欲求を満たす措置であると同時に、韓国軍の能力強化が目的である。この過程では、米韓同盟及び韓国軍が将来の台湾有事を念頭に地域的役割をどう果たすかのかが課題として問われてくるだろう。展望を探る上で米韓同盟における作戦統制権の位置付けを整理してみたい。

米韓相互防衛条約の締結以来、北朝鮮による大規模な武力攻撃を抑止したという点で同盟関係は成功だったと評価し得る。その中で米軍が韓国軍の作戦統制権を掌握してきたことは、北朝鮮抑止だけではなく韓国による単独の軍事行動を防ぐという意味で朝鮮半島の停戦状態の維持に一定の役割を果たしてきたのである。韓国は恒常的に米国のコミットメント確保に苦心してきたが、トップの在韓米軍司令官が韓国軍の作戦統制権を掌握する米韓連合軍司令部が編成されたことは、北朝鮮の攻撃への共同対処を確実にした点で韓国にとっては最も有効な保証であった。

連合軍体制は局地的な同盟としての米韓関係を支えてきたが、経済成長を遂げた韓国が国家主権の問題として作戦統制権を捉えたとき垂直型の指揮系統には変更の必要性が生じる。冷戦終結後も朝鮮半島に残る対立構造の解消を韓国が目指すようになると、南北平和体制の当事者としての適格性への障害としても認識されるようになった。南北関係の改善を目指した盧泰愚、盧武鉉が作戦統制権の移管に動いたのはそのためである。米国も朝鮮半島からの「不介入」の程度を高めようとする中で、朝鮮戦争の処理を含めた紛争を南北間にとどめようとするプロセスの中に作戦統制権の移管を位置付けるようになったのである。ブッシュ（父）政権時の東アジア戦略報告に基づく米軍再編においては、作戦統制権移管と紛争の局地化が関連付けられていたといえる。

北朝鮮の核開発の進展で朝鮮半島問題の局地化が困難になると、ブッシュ（子）政権以降の「不介入」の追求は、在韓米軍あるいは米韓同盟が「戦略的柔軟性」を獲得する過程に位置付けられた。北朝鮮抑止に固定された在韓米軍を、対中ヘッジを視野に入れたプレゼンスへと拡大しようとする中で、局地的な同盟を維持してきた米韓連合軍体制には解体の可能性が生じる。この文脈において作戦統制権の移管は在韓米軍の「戦略的柔軟性」と相関関係を持つのである。

しかし、貿易関係と平和体制樹立に向けた中国の影響力を重視する限り、韓国が在韓米軍の「戦略的柔軟性」を容認することで米中対立に巻き込まれることは回避しなくてはならない。北朝鮮の軍事攻勢に直面した李明博、朴槿恵両政権は、作戦統制権移管に向けた歩みをいったん止めることでローカルな同盟としての米韓同盟を維持し、こうしたジレンマの緩和を図ったとも見ることができる。THAADの韓国配備阻止を求める中国の圧力を受けた文在寅が、二〇一七年一一月の中韓首脳会談でミサイル追加配備の自制、米国のミサイル防衛網への不参加及び日米韓の安保協力を軍事同盟化しないといった「3つのノー」を事実上約束したのは、中国の軍事的な脅威が強まる中でも対抗策を講じることができない韓国の立場を明らかにした。米国が韓国との関係をローカルな同盟から「リージョナル（地域的）及びグローバル」な同盟へと転換させようと志向する限り、作戦統制権移管に向かう韓国が直面するジレンマは一層顕在化することが避けられないのである。

注

（1）我部政明「米韓合同軍司令部の設置―同盟の中核」菅英輝編『冷戦史の再検討―変容する秩序と冷戦の終焉』（法政大学出版局、二〇一〇年）一九三頁。

（2）James D. Morrow, "Alliance and Asymmetry: An Alternative Capability Aggregation Model of Alliance," *American Journal of Political Science, Volume 35, Number 4* (*November 1991*).

（3）The Assistant Secretary of State for Far Eastern Affairs (Robertson) to the Department of State, July 9, 1953, *FRUS, 1952-1954, Vol.XV, Part 2*.

（4）ＪＣＳは議事録の交渉を兼ねた一九五四年七月の李訪米時にも「国連軍が韓国防衛の責任を負う限り」韓国軍を指揮下に置くよう李に求めることを国務省に進言し、より確実な保証を得るよう求めた。

（5）The Department of the Army to the Commander in Chief United Nations Command, September 15, 1954, *FRUS, 1952-1954, Vol.XV, Part 2*.

（6）ニクソン政権は検討作業の中で、国連軍司令部と国連韓国統一復興委員会（United Nations Commission for the Unification and Rehabilitation: UNCURK）の解体が国連総会で議題に上ると判断していた。UNCURKは朝鮮戦争中の一九五〇年一〇月の国連総会決議により設置され「朝鮮の統一した独立かつ民主的政府の樹立」のため国連を代表することを任務とする。戦闘が停戦で終わったため任務を果たすことはなかったが、統一問題における国連の責任を象徴する存在であった。UNCURKが実質的な機能を果たしていない状況では「威厳ある埋葬」（ジョンソン国務次官）に応じるべきだと結論付けており、これには解体を進んで受け入れることで国連軍司令部に議論が飛び火するのを避ける思惑もあった。

(7) UN Presence in Korea", Mar 15, 1973, Box 328, Winston Lord File, Nixon Presidential Library.

(8) *FRUS, 1969-1976, Vol. XIX, Korea Part 1*, pp. 366-370.

(9) *JCS History Vol. XI, 1973-1975* (Washington D.C.: Office of Joint History, 2015), p. 225.

(10) *CINCPAC Command History* 1974, Vol. I, pp. 120-121.

(11) Ibid.

(12) Ibid.

(13) *CINCPAC Command History* 1975, Vol. I, p. 102 and p. 698.

(14) *JCS History Vol. XI, 1973-1976*, p. 225.

(15) Telegram from CINCPAC Honolulu to JCS, May 1, 1977., Brezezinski Material, Country File, Republic of Korea, DOD Transmission to Congress regarding Korean Troop Withdrawals, Box 44, 4-6/77, Jimmy Carter Library and Museum.

(16) 村田、一九〇頁。

(17) *CINCPAC Command History* 1978, Vol. I, p. 61.

(18) 部隊は一九八一年に解体されたが、米軍再編の一環で二〇一八年に復活し、神奈川県の相模総合補給廠に駐留している。

(19) *CINCPAC Command History* 1981, Vol. I, p. 31.

(20) 米朝協議に重心を置いていた北朝鮮が韓国との対話に応じた背景には、盧泰愚政権が「北方政策」に基づいてソ連、中国との関係改善を進めていたことが大きい。一九九〇年六月には盧泰愚とゴルバチョフソ連共産党書記長が会談し、翌九一年には中韓貿易協定が調印されている。北朝鮮も対抗する形で外交攻勢に転じ、自民党幹事長の金丸信率いる日本の訪朝団を受け入れたのもこのころである。

(21) *A Strategic Framework for the Asian Pacific Rim: Looking toward the 21st Century, The President Report on the U.S. Military Presence in Asia,* Washington D.C.: Department of Defense, April 1990.

(22) 倉田秀也「米韓連合軍司令部の解体と『戦略的柔軟性』—冷戦終結後の原型と変則的展開」『アメリカにとって同盟とは何か』久保文明編、中央公論新社、二〇一三年、一六二～一六三頁。

(23) 米国も盧泰愚政権の「北方政策」表明などを受けて新たな対北朝鮮政策を策定し、南北対話の推進や非武装地帯（ＤＭＺ）での信頼醸成措置などを条件に米朝協議を進めることが柱であった。盧泰愚もこれを容認したといい、当時の米国による北朝鮮認識にはこうした状況も作用していたとみられる。オーバードーファー前掲書、二〇三～二〇五頁。

(24) 共同通信配信記事、二〇〇五年三月八日。

(25) 共同通信配信記事、二〇〇六年一月二五日。

(26) http://georgewbush-whitehouse.archives.gov/stateoftheunion/2002/index.html

(27) 二〇〇五年四月に韓国国家安全保障会議（ＮＳＣ）は、北朝鮮内部の有事に備えた作戦計画「５０２９—０５」の策定を「韓国の主権を侵害する事項がある」として中断したことを明らかにしたが、それは米韓連合軍司令官が異変を「戦時」と判断した場合、認識の相違があっても指揮下にある韓国軍は戦闘行動に参加せざるを得ないためであった。

(28) 共同通信配信記事、二〇〇六年八月八日。

(29) Seoul 000659 (March 7, 2007), Wiki, 二〇〇七年二月七、八日にソウルで開催された米韓安全保障政策構想で、韓国国防相側は米韓連合軍と同等の戦闘能力を韓国軍が有するのに少なくとも五年、戦闘司令部を設置するのにさらに三年を要すると延期を求めた。

(30) *The New Korea: Strategic Digest, Strategic Alliance 2015*, United States Forces Korea, October 2010. 阪田恭代「米国のアジア太平洋リバランス政策と米韓同盟—21世紀「戦略同盟」の三つの課題」『国際安全保障』第四四巻第一号（二〇一六年六月）四九頁。

(31) U.S. Department of Defense, *The Quadrennial Defense Review Report*, February 2010, https://archive.defense.gov/qdr/QDR%20as%20of%2029JAN10%201600.pdf.

(32) *Strategic Alliance 2015*

(33) 倉田秀也「在韓米軍再編と指揮体系の再検討——『戦略同盟２０１５』修正の力学」『国際安全保障』第四二巻第三号（二〇一四年一二月）三一～四七頁。「戦略同盟２０１５」が示唆する在韓米軍再編の含意については、倉田氏の本論文の記述に依っている。

(34) https://archive.defense.gov/pubs/46th_SCM_Joint_Communique.pdf

(35) 米韓は師団より上位では連合の野戦司令部を持ったことがある。米韓連合野戦司令部がそれで、冷戦直後の一九九二年七月に解体され、任務と指揮権を八二年に発足した韓国軍第三司令部に移譲した。倉田「在韓米軍再編と指揮体系の再検討」四一頁。

(36) 文在寅政権発足後、米韓は戦時作戦統制権移管の条件を見直し、将来の連合軍司令部における韓国軍の能力を四段階（検証前段階、基本運用能力、完全運用能力、完全任務遂行能力）にわたって米軍が検証することとした。二〇二〇年のコロナウイルス流行を受けて完全運用能力検証のための演習自体が中止、縮小された。

(37) Joint Communique of the 50th U.S.-ROK Security Consultative Meeting, October 31, 2018. https://www.usfk.mil/Media/News/Article/1679753/joint-communique-of-50th-us-rok-security-consultative-meeting/

(38) 米ハドソン研究所の村野将氏は、米側が韓国軍と米軍の司令部を並立させ、有事に共同運用調整所を通じて連携を図る「米韓並立（日米同盟）型」か、在韓米軍を韓国軍の指揮下に入れるものの規模を縮小し、有事の増派部隊の指揮権限は国連軍司令部の下に集約して米軍司令官の実質的な指揮権限を維持する「国連軍再活性化型」のいずれかを目指す可能性があるとしている。村野将「平和安全法制後の朝鮮半島有事に備えて―日米韓協力の展望と課題」『国際安全保障』第四七巻第二号（二〇一九年九月）八八頁。

(39)　米国は韓国に対するミサイル技術供与と引き替えに韓国のミサイル開発を制限してきた。射程距離一八〇キロメートル、弾頭五〇〇キログラムの制限を定めた指針は、複数回の条件緩和を経て文在寅政権下の二〇一七年に射程距離が八〇〇キロメートルに延長されていた。米韓ミサイル指針には当初、南北の軍事バランスを崩すことで北朝鮮の軍事行動を誘発しない意図があったが、その撤廃には米軍の対中シフトが加速する中で韓国軍の能力増進が中国牽制にも貢献するとの判断が働いているとみられる。

終章　対米同盟と日韓関係――地政学の中の協力と競合――

本書では、現在に至る在韓米軍の駐留体制の成立過程を検証、その課題と方向性を米地上軍削減と作戦統制権移管に向けた歴代米韓政権の意思決定を通じて明らかにした。さらに、日韓の安全保障上のつながりを在韓米軍と在日米軍基地との連動性から俯瞰する作業を行った。ここで示したように、日韓は冷戦期とその後を通じて米国との同盟関係を共有してきた。紆余曲折を経て二〇一六年一一月に軍事情報包括保護協定（GSOMIA）が成立するまで、日韓には二国間の軍事的取り決めが存在しなかったにもかかわらず、駐留米軍を通じて国際的な安全保障協力の枠組みを構築してきたのである。最終章では、米国との同盟関係の共有が日韓関係にどのような影響を及ぼしてきたのかに焦点を当てることとしたい。

木宮正史が指摘するように、安全保障における日韓関係は戦前から、戦後、冷戦期を通じて非対称性を帯びたものであり続けてきた(1)。

朝鮮半島を自国の安全保障にとって要衝とみなし、植民地とすることで勢力圏にとどめようとした日本は敗戦後、共産主義の防波堤として韓国の安保体制を支えることが自国の安全保障に寄与するとみなすようになった。そのため、冷戦下の日本は朝鮮半島の紛争に巻き込まれることを警戒していたが、有事には在日米軍が在韓米軍の後方支援を担い、在日米軍基地から出撃する必要性を容認してきたのである。一九六〇年の日米安全保障条約改定の際に、日本政府が朝鮮半島有事での事前協議なしでの在日米軍の戦闘作戦出撃を秘密裏に認めた「朝鮮議事録」はその結実であった。日米首脳が沖縄返還で合意した一九六九年一一月の共同声明に「韓国の安全は日本の安全にとって緊要」とする「韓国条項」が盛り込まれたのは、日本が沖縄返還の条件として沖縄を含む日本の米軍基地を韓国の安全保障のために米軍が使用できることを明示的に示す必要が生じたためであった。

保革伯仲下の日本は公的な支援では軍事的な領域に踏み込むことには慎重であり、専ら経済面での協力が重視された。長年の困難な交渉を経て一九六五年に締結された日韓基本条約は、相互請求権の破棄と経済協力を柱とすることで、日本は植民地支配に対する謝罪表明を回避した。条約は、日本が経済協力を通じて韓国の経済的、政治的安定を推進し、自由主義陣営を強化する枠組みとして機能することになったのである。「一九六五年体制」の確立には、こうした日韓の利害一致のほかに在韓米軍維持と韓国軍支援に要する莫大な経費について、経済大国となった日本に実質的に肩代わりさせることで負担軽減を図ろうとした米国の後押しも作用していた。

一方の韓国にとって、安全保障における日本自体の重要度はさほど高いものではなかった。しかし、中国、ロシアという大国に囲まれた戦前の韓国が自律性を確保する上で、日本の協力を重視してきたように、戦後においては北朝鮮との体制間競争を勝ち抜く上で日本の協力を重視した。韓国は日米の協力を得て北朝鮮に対する優位性を確立することを目指す一方、日本の軍事的な影響力拡大については一貫して警戒心を解くことはなかった。韓国側は在日米軍とその基地が自国の安全を支えるべきだと主張してきたが、日本の軍事的伸張を抑える〝瓶のふた〟としての役割も求めてきたのである。

ベトナム戦争からの「名誉ある撤退」を目指したニクソン米政権が中国と接近し、カーター政権が在韓米地上軍の撤退を進めた一九七〇年代のデタント期においては、日韓が地域における米国の関与希薄化に不安を覚え、二国間における協力強化でこれを補完しようとする動きがみられた。日本の対韓国支援はＯＤＡや経済協力から、韓国の防衛産業育成支援へと拡大し、抑止力低下を国防力増強で埋めようとする韓国を間接的に支援することになった。自国の安全保障に関する懸念を共有する日韓双方が米国のコミットメントに関する再保証を得ようと試みた結果、両国は実質的に米国を地域に引き留めるための共同戦線を張る形となり、その距離が近づいた時期でもあった。日米間の沖縄返還合意時の「韓国条項」を再び確認する作業が行われたのもこの時期であった。

ソ連のアフガニスタン侵攻を契機に〝雪解け〟が去り、米国がソ連との対峙を全面に出した新冷戦期に入ると、再び米国を媒介とした日韓の協力が復活することになるが、韓国の北朝鮮に対する経済的、軍事的優位性が明確になる中で、韓国の体制間競争を支援してきた日本の役割の比重は低下するとともに、日本の安全保障における韓国の位置付けも曖昧になっていく。

冷戦の終わりは、どちらか一方が他方の安全保障の手段になるという日韓における非対称性の時代に大きな変化をもたらすことになった。最大の触媒となったのが、北朝鮮の核開発の進展である。韓国が盧泰愚政権の北方外交により中国、ソ連という北朝鮮の後ろ盾となってきた友好国との国交正常化を実現する中、劣勢を覆そうとする北朝は核、そしてその運搬手段である弾道ミサイルの開発を加速させた。一九九三年の第一次北朝鮮核危機は、朝鮮半島有事での対米支援を可能にする法制度の未整備など日本の安保上の機能不全を露呈させ、極東有事に対処するためのガイドライン改定、周辺事態法の成立をもたらした。さらに一九九八年には北朝鮮が発射した弾道ミサイル「テポドン」が日本列島を越えると、北朝鮮の核ミサイルが日本にとっても直接的な脅威として受け止められたのである。これにより日韓双方が自国の安全保障のために協力して北朝鮮に対処する枠組みが構築された。クリントン政権が主導した日米韓調整グループがこれに該当する。二〇一二年に韓国内の反発で署名直前に頓挫したGSOMIAが二〇一六年に締結されたのも、北朝鮮の軍事的脅威が従来範囲を超える協力強化をもたらした例であった。さらに二〇一四年には再びガイドラインが改定され、日本は限定的な集団的自衛権容認に踏み切った。日本はミサイル防衛で米韓両軍と目標選定情報を含む緊密な情報共有をすることが可能になり、理屈の上では日韓の防衛協力は双方向なものになるはずであった。

だが、日韓が相互の安全保障に寄与する仕組みが構築されても、両国の安保協力は制度化される段階に至っていない。安全保障における日韓の構造的な非対称性は解消されたが、韓国の経済成長、民主化により両国の体制が同質化する中で、日韓が封じ込めてきた歴史、領土における対立点が顕在化し、その関係性が補完から競合へと移行したためである。「親日残滓の清算」を掲げた文在寅政権下で徴用工裁判の差し戻し審が開始し、二〇一八年に新日鉄や三菱重工に相次いで損害賠償命令が下ったことを受けて、一九六五年体制の崩壊を懸念した安倍晋三政権が韓国向け輸出管理の運用見直しを発表した。この結果、失効直前で踏みとどまったものの韓国がＧＳＯＭＩＡ破棄を通告したのは記憶に新しい。こうした競合の時代の到来が安全保障上の三つの懸案においても日韓の乖離を拡大する結果となっている。

第一の懸案は、北朝鮮の核・ミサイル問題への対処である。体制間競争において優位に立つ韓国が自国主導での統一を目指すとき、日本の協力に依存する必要性はかつてより低減している。中国を議長国とした北朝鮮核問題解決のための六カ国協議、トランプ政権下で行われた二度の米朝首脳会談は、いずれも具体的な進展をもたらさなかったが、北朝鮮に対する米中の影響力を明確にする一方、日本が〝周辺国〟に後退したこと見せつけた。近年は北朝鮮指導者との〝無条件の対話〟を呼び掛けているものの、日本人拉致問題解決を優先する日本は対北朝鮮での制裁維持・強化の方針は崩しておらず、制裁緩和を欲する北朝鮮に対してレバレッジを持たない状況である。この中では韓国が南北関係改善を優先する際に日本の同意を得ることは必須ではないと考える一方、日本は韓国が北朝鮮抑止より融和に傾いていると不満を抱く構造が顕在化することになる。

第二の懸案は、大国化した中国への対応である。尖閣諸島などを巡り中国と対立する日本は、日米同盟の強化を通じてこれに対峙することを基本方針としている。韓国でも覇権主義的な行動を取る中国への警戒は強いが、対中国貿易への経済的依存が日本以上に大きいだけでなく、朝鮮戦争の〝終戦〟に向けた中国の協力を必要視している。韓国にとって対北朝鮮抑止のための米韓同盟の強化は依然必要だが、中国対処に対象を広げた同盟のグローバル化は不都合なのである。日本にとっては、対米同盟を共有し、中国と隣接する韓国が、対中国で共同歩調を取ることが望ましいが、文在寅政権下の韓国は中国に敵対的と目される政策には消極的だ。主に非軍事面で中国に対抗するための枠組みである「クアッド（日米豪印）」への参加可能性にも曖昧な説明に終始してきた。韓国が最重要視する朝鮮半島というローカルな利益と、日本が重視するリージョナルあるいはグローバルな利益における乖離は中国対処を巡り今後も拡大する可能性がある。(2)

このことは、第三の懸案である米国との同盟関係においても日韓に一層の差異を生んでいる。米国が北朝鮮抑止に固定された米軍駐留体制を合理化しようとする一方、自律性の拡大を目指す韓国は米軍が掌握する韓国軍の作戦統制権を回復すべく国防力の増強を続けてきた。日本では、北朝鮮、そして中国という直接的な脅威への対抗策を急ぐ中で米国との軍事的統合を加速させている。長期的に見れば対米同盟における自律と統合という異なる方向を志向する日韓は、北朝鮮、中国への対処を巡り自国に有利な政策に米国を引き寄せようと競合関係に陥りがちである。たとえば、対北朝鮮制裁の緩和に米国の理解を得られないとき韓国は日本の影響を疑い、日本も韓国抜きで地域的な取り組みを米国と推進しようとするのである。

しかし、日韓が米国との同盟関係に加え、ともに経済的なミドルパワーであること、市場経済、民主主義という基本的価値を共有することを考慮すれば、日韓の外交、安全保障上の共通利益は決して小さくない。米中対立が地政学的な競合関係に発展し、朝鮮半島もその勢力圏争いの一部と化した今、このことは一層明らかに思える。韓国は二〇二一年九月、潜航中の潜水艦から短距離弾道ミサイルの発射に成功し、潜水艦発射弾道ミサイル（SLBM）を保有する八番目の国になった。韓国以外の七つの国（米、ロシア、英、仏、インド、中国、北朝鮮）は核兵器を持つ。韓国はほかにも超音速対艦巡航ミサイル、長距離空対地ミサイル、宇宙ロケットの固形燃料エンジンなどミサイル関連技術を開発したことを明らかにした。

盧武鉉政権後に続く李明博、朴槿恵の両保守政権の国防への関わり方を批判して政権に就いた文在寅は、保守政権下で平均四・二％成長率の国防予算を平均六・五％成長率へと引き上げた。その結果、二〇一八年に購買力平価でいうと人口で二・五倍の日本の防衛費を超え、二〇二三年には名目金額でも日本を超えると予想されるほど、軍事力を強化した。金大中政権以来のリベラル政権は独自の軍事力整備により、朝鮮半島問題の主体的解決を目指してきたのである(3)。成熟した韓国が米中の間で戦略的に中立的、あるいは中国に近い立場を取るようになった場合、東アジアにおけるパワーバランスは大きく変化するだろう。

朝鮮半島から中国、台湾対処へと軸足を移しつつある米国は、米韓同盟から地域的な役割を引き出すことで、これに対応しようとしているようだ。

二〇二一年五月にワシントンで行われた米韓首脳会談の共同声明では「朝鮮半島をはるかに超えた」米韓関係の意義で一致したほか、「南シナ海における航行及び上空飛行の自由」「台湾海峡の平和と安定の維持の重要性」を盛り込んだ。米韓首脳が公式に南シナ海及び台湾に言及するのは初めてのことであった。米韓同盟の意義が北朝鮮だけでなく、中国にも向けられていることを確認した形だが、その背景には米国の対中戦略である「自由で開かれたインド太平洋戦略」と距離を置いてきた文在寅政権に対する米側の強い要請があったとされる。同年一二月の米韓安全保障協議（SCM）では対北朝鮮抑止力の維持・強化でも合意し、在韓米軍の現行二万八五〇〇人態勢を確認し、ローテーション配備だったアパッチヘリ大隊と第二歩兵師団本部を韓国に常駐配備することが承認された。これは台湾危機の際に北朝鮮問題で力の分散が強いられないようにする備えの意味をはらんでいるのである。

そして地政学上の懸案に同盟強化を通じ対処しようとする日本は、何よりも米軍基地の存在を通して韓国と結びつかざるを得ない。日米は台頭する中国への対処に、より多くの資源を振り向けるようになっているが、その実効性を支えるのは北朝鮮への抑止力を増した韓国、そして韓国防衛のために米軍を後方支援する日本が前提となるのである。二一年四月に米ランド研究所が公表した報告書は、北朝鮮が多種多様なミサイルに核弾頭を搭載する能力の確保に向けた開発を加速させる中、核戦争の危険性が高まると予想し、懸案事項として北朝鮮から「核の脅し」を受けた日本が韓国防衛のための米軍基地使用を拒む可能性を指摘している(4)。そのとき、日米同盟の価値もまた試されることになるだろう。

そして米韓の安全保障の多角的検証に努めた本書がつまびらかにしたのは、折に触れて強固な同盟を掲げてきた米国が有事の際、国益を犠牲にしても同盟相手国のために軍事的行動を取るわけではないという冷厳たる事実である。在韓米軍の縮小、そして作戦統制権の移管に向けた駆け引きは、韓国に「巻き込まれる」脆弱性を低減するための試みであった。現在のバイデン米政権もまた、米国の負担と脆弱性を軽減するため同盟国の軍事力向上を求めている点では変わりはない。戦略的重要地域である日本も例外ではない。

米韓同盟が弱体化すれば、日米が韓国防衛を支えるコストが低減するとの見方があるが、北朝鮮の武力挑発を招くだけでなく、長期的には韓国に対する中国の影響力増大がもたらすコストがそれを上回るだろう。朝鮮半島問題を考えるとき、日本も北朝鮮対処に矮小化されない韓国の重要性を視野に入れざるを得ない。米中の競合が軍事的衝突に至らないよう中国に対しては抑止と外交を均衡させ、米国に対しては同盟関係にかかる効果とコストの調整に関して、日韓が長期的戦略において共通の利益を見いだせる余地は少なくない。日韓の競合管理は戦略的要請でもある。

注

（1）木宮正史『日韓関係史』岩波書店、二〇二一年

（2）二〇二二年五月に発足した尹錫悦《ユンソンニョル》政権は米韓同盟の強化を重視する姿勢を表明しており、対北朝鮮政策でも融和から抑止へと軸足を移している。同五月のバイデン米大統領との初の首脳会談の際に発表された米韓共同声明には、尹大統領が「クアッド」に関心を示していることを米国が「歓迎する」との文言が盛り込まれた。

（3）Park, Nathan S., “Why South Korea’s Liberals are Defense Hawks,” *Foreign Policy*（October 22, 2021）https://foreignpolicy.com/2021/10/22/south-korea-slbm-liberals-defense-hawks/

（4）Bennet, Bruce W., Kang Choi, Myong-Hyun Go, Bruce E. Bechtol, Jr., Jiyoung Park, Bruce Klingner, and Du Hyeogn Cha, Countering the Risks of North Korean Nuclear Weapons. Santa Monica, CA: RAND Corporation, 2021. https://www.rand.org/pubs/perspectives/PEA1015-1.html

あとがき

一九九九年の夏、筆者（我部）はハワイ・オアフ島にある米軍パールハーバー・ヒッカム統合基地内の小高い丘にたつ米太平洋軍（現在は、米インド太平洋軍に改称）司令部を訪れた。インド洋から太平洋までを管轄する米太平洋軍の任務と活動についてのブリーフィング（説明会）を聞く機会だった。会議室からの帰り際、同司令部のエントランス・ホールにて驚きを覚えた。それは、ジョン・R・ホッジ（John R. Hodge）米陸軍大将の胸像が設置されていたからだ。日本では馴染みがないだろうが、マッカーサー（Douglas McArthur）元帥と並んでホッジは、多くの韓国人には知られた歴史的人物だ。なぜなら、日本、南朝鮮、沖縄の占領を主任務とする米極東軍（東京に司令部、一九四八年から一九五七年）の司令官であったマッカーサーの下で、ホッジは日本敗北直後の一九四五年九月八日から韓国が生まれる一九四八年八月一四日（一五日に独立）までの間、南朝鮮の占領統治責任者であった。韓国の独立とともに米軍が全面撤退した。ホッジは朝鮮半島から去った最初の米将軍となった。今のところ、在韓米軍撤退を指揮した最初で最後の将軍といえる。帰国後、ホッジは一九五二年六月にトルーマン大統領により米陸軍野戦軍司令官に任命され、翌年退役した。

ホッジは、米国の対日戦争中に「兵士の中の兵士」とさえ呼ばれる戦場の猛者と知られている。ニューヨーク・タイムズのホッジの死亡記事（一九六三年一一月一三日付）によれば、ホッジを「太平洋のパットン」として同紙で幾度も紹介したという。パットン（George S. Patton, Jr.）とは、ヨーロッパ戦線でドイツ軍に対し兵士の先頭に立ち連戦連勝の将軍であった。ホッジは、ガダルカナル島からレイテ、沖縄での戦いに参加した。沖縄に上陸した米第一〇軍は陸軍の第二四軍団と海兵隊の第三水陸両用軍団から構成されていた。第二四軍団を率いたのが、ホッジであった。沖縄島の読谷海岸に上陸後に南下した第二四軍団は日本軍守備隊の陣取る嘉数、浦添での激しい攻防を経て、那覇や首里そして沖縄島南部の西側へと進撃した。沖縄戦について調べたことのある人に、ホッジは馴染みのある名前である。

朝鮮半島に近い沖縄で軍団を率い、沖縄占領を完了していたホッジには、占領軍を率いて朝鮮への派遣が命じられた。第二四軍団の先遣隊が一九四五年九月二日に、ホッジの本隊が九月八日に仁川に上陸した。

すでに米ソの間で、朝鮮半島の三八度線を挟んで、北側をソビエトが、南側を米国が占領する合意が八月に成立していた。すぐれた先行研究によれば、ホッジの指揮下の七万名（第七師団、第四〇師団、追加で第六師団に加えて、基地管理のＡＳＣＯＭ24と第一〇軍の軍政要員）が、一七〇〇万の南朝鮮の人々の占領統治に関わった。朝鮮についての知識もなく、軍政の準備不足にもあって、人種的偏見を抱くホッジの下での占領統治は困難な事態を迎えた。

米軍占領による軍政は、沖縄に続いて南朝鮮でも開始された。これら二つの軍政には類似点と相違点を見出すことが出来そうだ。

沖縄では、沖縄戦で行政組織もその人材も失われたため、米軍の直接統治が行われた。それは、沖縄の人々から統治の正統性を得ることのできない要因となった。占領者の米軍は、統治に反対の態度を示さず、支持を求めずに黙諾を得ることを重視した。軍政から民政に代わろうとも、米軍の統治から日本統治への復帰を求めていった。

南朝鮮では、日本の統治組織が残り、日本占領でとられた日本政府を介する間接占領のように、朝鮮総督府の日本人による間接統治を真似た。が、朝鮮の人々から批判を受け、中止された。米軍による直接統治に乗り出した。しかし、朝鮮半島について無知な軍人の集まりだったために、占領統治はうまく運ばなかった。結局、朝鮮の人々の中で親米的な保守層からの人事を登用することでどうにかのりきることができた。朝鮮の人々は、米軍を日本の植民地からの解放者ではなく、占領者として捉えた。米軍政への抵抗が独立への弾みとなった。

このように米軍プレゼンス（存在）を軸にして、日本、沖縄、韓国の三つを比較するだけでなく、どのような関係性が作られてきたのかを研究の対象として取り上げることができる。つまり、米軍プレゼンスがそれぞれに与える影響だけでなく、それぞれの反応が米軍プレゼンスのありようへの影響を及ぼす関係を検討することできるだろう。

本書では、そうした枠組みを頼りに、北東アジアにおける米軍プレゼンスの変化の現象をうむ米軍再編を検討してみた。

本書の企画が生まれたのは、米国でトランプ政権が発足し、戦後米外交の主軸であった欧州、アジアとの同盟関係を投機対象としてみなすような大統領の言動が各地域で波紋を引き起こしていた際のことであった。

北東アジアに目を転じると、トランプ大統領は二〇一八年に金正恩朝鮮労働党委員長（当時）と史上初の米朝首脳会談に乗り出し、旧来の同盟国である日韓両国には法外ともいえる米軍駐留費負担を要求した。非核化交渉進展のため「金がかかる」米韓合同軍事演習の一時停止を米国が一方的に決めたのもこの頃であった。対米同盟の要（linchpin）が軋む傍らで日韓関係も急速に冷却化し、GSOMIA破棄寸前まで近づいた。結局は一時的な雪解けへの期待に終わったが、朝鮮戦争の終戦宣言が検討される中、米国が在韓米軍を撤退させる可能性が報じられたのもこのころである。

あたかも大統領個人が米軍撤退を主導しているかのような論調が目立ったが、海外での米軍プレゼンスの縮小を試みたのはトランプ氏が決して初めてではない。隣国である日本でも将来の在韓米軍撤退が自国にとって何を意味するのか混乱した議論もみられ、米国の退潮を懸念する一方で、米国に

「見捨てられる韓国」を喜ぶ向きさえあった。一時的に浮上した「在韓米軍撤退」がモザイク状に語られがちなのは、日本などが対米関係を二国間のレンズを通して主に眺めているからではないだろうか。しかし、最終的に米軍プレゼンスの在り方を規定する米国は、二国間関係だけでなく、日韓を一つの戦域の中でとらえてきたのである。米軍プレゼンスの在り方について明確な像を結ぶためには、米国の目を通してその再編に関わる意思決定過程を再検証する必要があった。日本にとって〝近くて遠い〟在韓米軍の再編を取り上げることは、在日米軍の在り方を相対的にとらえる上でも有益な作業になるはずである。

バイデン政権が最も長い戦争となったアフガンでの対テロ戦争を終結させ、ロシアが大規模侵攻したウクライナへの直接介入を拒む中、米国の相対的な力の低下と同盟国に防衛負担増を求める傾向が一層鮮明になっている。米国が今後も米軍プレゼンスの合理化を進めていくのは間違いない。それが日本あるいは日韓にとってどのような影響を及ぼすのか、本書がそれらを多角的に理解する一助になれば幸いである。

加えて、本書は今後、東アジアの安全保障上のホットスポット（潜在的紛争地）となる台湾と中国を考えるとき、少なからず有用な視点を提供するに違いない。もし起こるとすれば、台湾をめぐる紛争は地域限定戦争となるであろう。戦線の拡大を想定すると、日本と中国との間だけでなく、同時に核保有国である米国と中国との戦争へと波及し、核戦争に発展する懸念が生じる。米中の指導者は核戦争を回避すべく、台湾とその周辺海域に限定した武力行使に努めると思われる。まさに朝鮮戦争でトルーマン政権が黒竜江を越えた中国東北部（旧満州）への攻撃を自制したのと同様な措置を、これからの米政権は取るに違いない。

かつてアイゼンハワー大統領が慎重に対応したように、米政権は「核の敷居」を飛び越えないよう対応を抑制するかもしれない。ただ、米軍が当時より小型化した戦術核兵器を実戦配備する予定のため、米国にとっての「核の敷居」はそれほど高くはないと判断する可能性もある。米軍の戦場での核兵器使用によって、中国の核兵器による報復を招きかねず、その後の核戦争へ拡大する危険性は否定できないのである。

さらに、一九五四年と一九五八年の中国による台湾領有の金門や馬祖などの島々への砲撃に始まった「台湾危機」がもう一つの予見を与えてくれる。これらの危機では、最前線に国府軍（中華民国軍）が配置され、その後方で米海軍が兵站・補給を行なった。米海軍の航空兵力を投入せずに、国府軍だけが中国の砲撃に対応したのである。米軍による軍事介入を恐れた中国が砲撃を一方的にやめたため、それぞれの危機は終息したのだった。

二つの台湾危機から予見されるのは、台湾が自国防衛に責任を持ち、米軍はその領域外からの兵站・補給の任務を担うことである。ただちに台湾に対する武力行使に及ぶより先に、中国は台湾海峡での海上封鎖や台湾での政府転覆工作を開始するであろう。まずは台湾海峡での制海権や制空権の確保を優先し、次第に台湾の太平洋側へと展開すると思われる。その間に航空作戦を主として、中国は台湾を孤立させようとするだろう。それに対抗する米軍は、航空兵力を駆使して海と空からの台湾への兵站・補給を継続しようとする。その際起こり得る米中の軍事衝突を如何に回避できるのかが、地域限定戦争から西太平洋、および全面戦争への拡大の有無を左右する。二つの台湾危機からは、台湾の周辺地域での緊張が高まった事態を検討する歴史的材料があるはずだ。

企画から出版に至るまでの過程では、吉川弘文館の永田伸氏に大変お世話になった。この間、コロナウイルス禍により移動や面会が大きく制限される事態が続いた上、我部が生涯初めての一〇日間の入院をし、豊田が二五年を過ごした共同通信からロイター通信日本支局長に転身するなど、筆者ら周辺でも多くの変化が生じた。永田氏の辛抱強い指導鞭撻がなければ、本書は生まれなかったであろう。そのほか、執筆を進める上で様々な助言をいただいた方々、作業を見守ってくれた家族にも感謝を伝えたい。

二〇二二年三月

我部政明

豊田祐基子

参考文献

〔未刊行資料〕

Records of Jimmy Carter Library and Museum

Records of Nixon Presidential Library

〔米国政府・軍刊行資料〕

A Strategic Framework for the Asian Pacific Rim: Looking toward the 21st Century, The President Report on the U.S. Military Presence in Asia,

CINCPAC Command History

Department of State Bulletin

Foreign Relations of the United States

Public Papers of the President of the United States, George W. Bush

Public Papers of the Presidents of the United States, Jimmy Carter

Quadrennial Defense Review Report, September 30, 2001

Quadrennial Defense Review Report, February 6, 2006

The Joint Chief of Staff and National Policy

The New Korea: Strategic Digest, Strategic Alliance 2015

〔米国議会刊行資料〕

Congressional Research Service, *Korea-U.S. Relations: Issues for Congress*

Congressional Research Service, *U.S.-South Korea Relations,* May 23, 2017

Congressional Research Service, North Korea: A Chronology of Events from 2016 to 2020, May 5, 2020

House, Committee on Foreign Affairs, Subcommittee on Armed Services, Investigations Subcommittee, *Review of the Policy Decision to Withdraw United States Ground Forces from South Korea*, 95th Congress, 2nd Session, 1978

House, Committee on International Relations, Subcommittee on International Organizations, *Investigation of Korea-American Relations*, 95th Congress, 2nd Session, 1978

Senate, Committee on Foreign Relations, Subcommittee on U.S. Security Arrangements and Commitments Abroad, Hearings, *United States Security Agreements and Commitments Abroad: Republic of Korea*, 91st Congress, 2nd Session, part 6, February 24, 25 and 26, 1970.

Senate, Committee on Foreign Relations, *A Report by Senator Hubert H. Humphrey and John Glenn, U. S. Troop Withdrawal from the Republic Korea*, 95th Congress, 2nd Session,

January 9, 1978

〔国防省刊行資料〕

Condit, Doris M., *The Test of War, 1950–1953* (Secretaries of Defense Historical Series, Historical Office, Office of the Secretary of Dense, Washington DC, 1988)
https://history.defense.gov/Portals/70/Documents/secretaryofdefense/OSDSeries_Vol2.pdf

Hunt, Richard A., *Melvin Laird and the Foundation of the Post-Vietnam Military, 1969–1973* (Secretaries of Defense Historical Series, Historical Office, Office of the Secretary of Dense, Washington DC, 2015)
https://history.defense.gov/Portals/70/Documents/secretaryofdefense/OSDSeries_Vol7.pdf

Kaplan, Lawrence S., Landa, Ronald D, and Drea, Edward J., *The McNamara Ascendancy, 1961–1965* (Secretaries of Defense Historical Series, Historical Office, Office of the Secretary of Dense, Washington DC, 2006)
https://history.defense.gov/Portals/70/Documents/secretaryofdefense/OSDSeries_Vol5.pdf

Leighton, Richard M., *Strategy, Money, and the New Look, 1953–1956* (Secretaries of Defense Historical Series, Historical Office, Office of the Secretary of Dense, Washington DC, 2001)
https://history.defense.gov/Portals/70/Documents/secretaryofdefense/OSDSeries_Vol3.pdf

Rearden, Steven L., The Formative Years, 1947–1950 (Secretaries of Defense Historical Series, Historical Office, Office of the Secretary of Dense, Washington DC, 1984)
https://history.defense.gov/Portals/70/Documents/secretaryofdefense/OSDSeries_Vol1.pdf?ver=2014-05-28-130015-717

Watson, Robert J., *Into the Missile Age, 1956–1960* (Secretaries of Defense Historical Series, Historical Office, Office of the Secretary of Dense, Washington DC, 1997)
https://history.defense.gov/Portals/70/Documents/secretaryofdefense/OSDSeries_Vol4.pdf

〔米統合参謀本部刊行資料〕

Condit, Kenneth W., *The Joint Chiefs of Staff and National Policy, 1947–1949*, Volume II (Office of History, Office of the Chairman of the Joint Chiefs of Staff, Washington DC, 1996)
https://www.jcs.mil/Portals/36/Documents/History/Policy/Policy_V002.pdf

Condit, Kenneth W., *The Joint Chiefs of Staff and National Policy, 1955–1956*, Volume VI (Office of History, Office of the Chairman of the Joint Chiefs of Staff, Washington DC, 1992)

https://www.jcs.mil/Portals/36/Documents/History/Policy/Policy_V006.pdf
Fairchild, Byron R. and Poole, Walter S., *The Joint Chiefs of Staff and National Policy, 1957-1960,* Volume VII (Office of History, Office of the Chairman of the Joint Chiefs of Staff, Washington DC, 2000)
https://www.jcs.mil/Portals/36/Documents/History/Policy/Policy_V007.pdf
Poole, Walter S., *The Joint Chiefs of Staff and National Policy, 1950-1952,* Volume IV (Office of History, Office of the Chairman of the Joint Chiefs of Staff, Washington DC, 1998)
https://www.jcs.mil/Portals/36/Documents/History/Policy/Policy_V004.pdf
Poole, Walter S., *The Joint Chiefs of Staff and National Policy, 1961-1964,* Volume VIII (Office of History, Office of the Chairman of the Joint Chiefs of Staff, Washington DC, 2011)
https://www.jcs.mil/Portals/36/Documents/History/Policy/Policy_V008.pdf
Poole, Walter S., *The Joint Chiefs of Staff and National Policy, 1965-1968,* Volume IX (Office of History, Office of the Chairman of the Joint Chiefs of Staff, Washington DC, 2012)
https://www.jcs.mil/Portals/36/Documents/History/Policy/Policy_V009.pdf
Poole, Walter S., *The Joint Chiefs of Staff and National Policy, 1969-1972,* Volume X (Office of History, Office of the Chairman of the Joint Chiefs of Staff, Washington DC, 2013)
https://www.jcs.mil/Portals/36/Documents/History/Policy/Policy_V010.pdf
Poole, Walter S., *The Joint Chiefs of Staff and National Policy, 1973-1976,* Volume XI (Office of History, Office of the Chairman of the Joint Chiefs of Staff, Washington DC, 2015)
https://www.jcs.mil/Portals/36/Documents/History/Policy/Policy_V011.pdf
Rearden, Steven L., with the collaboration of Foulks, Kenneth R. Jr., *The Joint Chiefs of Staff and National*

Policy, 1977-1980, Volume XII (Office of History, Office of the Chairman of the Joint Chiefs of Staff, Washington DC, 2015)
https://www.jcs.mil/Portals/36/Documents/History/Policy/Policy_V012.pdf

Schnabel, James F., *The Joint Chiefs of Staff and National Policy, 1945-1947,* Volume I (Office of History, Office of the Chairman of the Joint Chiefs of Staff, Washington DC, 1996)
https://www.jcs.mil/Portals/36/Documents/History/Policy/Policy_V001.pdf

Schnabel, James F. and Watson, Robert J., *The Joint Chiefs of Staff and National Policy, 1950-1951,* Volume III, The Korean War, Part One (Office of History, Office of the Chairman of the Joint Chiefs of Staff, Washington DC, 1998)
https://www.jcs.mil/Portals/36/Documents/History/Policy/Policy_V003_P001.pdf

Schnabel, James F. and Watson, Robert J., *The Joint Chiefs of Staff and National Policy, 1951-1953,* Volume III, The Korean War, Part Two (Office of History, Office of the Chairman of the Joint Chiefs of Staff, Washington DC, 1998)
https://www.jcs.mil/Portals/36/Documents/History/Policy/Policy_V003_P002.pdf

Watson, Robert J., *The Joint Chiefs of Staff and National Policy, 1953-1954,* Volume V (Office of History, Office of the Chairman of the Joint Chiefs of Staff, Washington DC, 1998)
https://www.jcs.mil/Portals/36/Documents/History/Policy/Policy_V005.pdf

〔米陸軍戦史センター刊行資料〕

Appleman, Roy E., *South to the Naktong, North to the Yalu (June-November 1950)* (First Printed 1961-CMH Pub 20-2-1, Washington, D.C.: Center for Military History, United State Army, 1992)

https://history.army.mil/books/korea/20-2-1/toc.htm
Hermes, Walter G., *Truce Tent and Fighting Front* (First Printed 1966–CMH Pub 20–3–1, Washington, D.C.: Center for Military History, United State Army, 1992)
https://history.army.mil/books/korea/truce/fm.htm#cont
GHQ AFPAC, *Chronology of the Occupation, 15 August 1945–31 March, 1946*
https://history.army.mil/documents/8-5/8-5.htm
Mayo, Lida, *The Ordnance Department: On Beachhead and Battlefront* (First Printed 1968–CMH Pub 10–11, Washington, D.C.: Center for Military History, United State Army, 1991)
https://history.army.mil/books/wwii/Beachhd_Btlefrnt/index.html#contents
Reports of General MacArthur, MacArthur in Japan: The Occupation: Military Phase, Vol. I, Supplement (First Printed 1966–CMH Pub 13–4, Facsimile Reprint, 1994)
https://history.army.mil/books/wwii/MacArthur%20Reports/MacArthur%20V1%20Sup/index.htm#cont
Schnabel, James F., *Polity and Direction, the First Year* (First Printed 1972 – CMH Pub 20–1–1, Washington, D.C.: Center for Military History, United State Army, 1992)
https://history.army.mil/html/books/020/20-1/CMH_Pub_20-1.pdf

〔日本政府刊行資料〕
外務省「いわゆる「密約」問題に関する有識者委員会報告書」二〇一〇年

〔単行本（日本語）〕
アイゼンハワー、ドワイト・D（仲晃、佐々木謙一共訳）『アイゼンハワー回顧録1—転換への負託』（新装）みすず書房、二〇〇〇年アイゼンハワー、ドワイト・D（仲晃、佐々木謙一、渡辺靖共訳）『アイゼンハワー回顧録2—平和への戦い』（新装）みすず書房、二〇〇〇年
赤木完爾『ヴェトナム戦争の起源—アイゼンハワー政権と第1次インドシナ戦争』慶應通信、一九九一年
安倍誠・金都亨編『日韓関係史　一九六五—二〇一五　Ⅱ　経済』東京大学出版会、二〇一五年
安倍誠・金都亨編『日韓関係史　一九六五—二〇一五　Ⅲ　社会・文化』東京大学出版会、二〇一五年
五百旗頭薫、小宮一夫、細谷雄一、宮城大蔵、東京財団政治外交検証研究会編『戦後日本の歴史認識』東京大学出版会、二〇一七年
李鐘元『東アジア冷戦と韓米日関係』東京大学出版会、一九九六年
李鐘元・木宮正史編著『朝鮮半島　危機から対話へ—変動する東アジアの地政図』岩波書店、二〇一八年
李鐘元・木宮正史・磯崎典世・浅羽祐樹『戦後日韓関係史』有斐閣、二〇一七年
李鐘元・木宮正史・浅野豊美編『新装版　歴史としての日韓国交正常化Ⅰ　東アジア冷戦編』法政大学出版局、二〇二〇年
李鐘元・木宮正史・浅野豊美編『新装版　歴史としての日韓国交正常化Ⅱ　脱植民地化編』法政大学出版局、二〇二〇年
林東源（波佐場清訳）『南北首脳会談への道—林東源回顧録』岩波書店、二〇〇八年
太田修『新装新版　日韓交渉—請求権問題の研究』クレイン、二〇一五年
オーバードーファー、ドン（菱木一美訳）『二つのコリア』共同通信社、一九九八年
小此木政夫『朝鮮分断の起源—独立と統一の相克』慶應義塾大学出版会、二〇一八年
小此木政夫編『危機の朝鮮半島』慶応義塾大学出版会、二〇〇六年
小此木正夫、張達重編『戦後日韓関係の展開』慶應義塾大学出版会、二〇〇五年

小此木政夫・文正仁編『市場・国家・国際体制』慶應義塾大学出版会、二〇〇一年
我部政明『沖縄返還とは何だったのか』日本放送出版協会、二〇〇〇年
カミングス、ブルース（鄭敬謨、林哲、加地永都子訳）『朝鮮戦争の起源1　解放と南北分断体制の出現　一九四五—一九四七年』明石書店、二〇一二年
カミングス、ブルース（林哲、鄭敬謨、山岡由美訳）『朝鮮戦争の起源2　「革命的」内戦とアメリカの覇権—一九四七—一九五〇年（上・下）』明石書店、二〇一二年
川島真・森聡編『アフターコロナ時代の米中関係と世界秩序』東京大学出版会、二〇二〇年
木宮正史『韓国—民主化と経済発展のダイナミズム』筑摩書房、二〇〇三年
木宮正史『国際政治のなかの韓国現代史』山川出版社、二〇一二年
木宮正史編『シリーズ日本の安全保障6　朝鮮半島と東アジア』岩波書店、二〇一五年
木宮正史『日韓関係史』岩波書店、二〇二一年
金恩貞『日韓国交正常化交渉の政治史』千倉書房、二〇一八年
金淑賢『中韓国交正常化と東アジア国際政治の変容』明石書店、二〇一〇年
金大中（波佐場清・康宗憲訳）『金大中自伝Ⅱ　歴史を信じて—平和統一への道』岩波書店、二〇一一年
金斗昇『池田勇人政権の対外政策と日韓交渉—内外外交における「政治経済一体路線」』明石書店、二〇〇八年
木村幹『韓国における「権威主義的」体制の成立—李承晩政権の崩壊まで』ミネルヴァ書房、二〇〇三年
木村幹・田中悟・金容民編著『平成時代の日韓関係—楽観から悲観への三〇年』ミネルヴァ書房、二〇二〇年
久保文明編『アメリカにとって同盟とは何か』中央公論新社、二〇一三年
鄭勛燮『現代韓米関係史　在韓米軍撤退の歴史的変遷過程　1945年〜2008年』朝日出版社、二〇〇九年
菅英輝『冷戦史の再検討　変容する秩序と冷戦の終焉』法政大学出版局、二〇一〇年

コリンズ、J・ロウトン（高橋光夫訳）『平和な時代の戦争』平和書店、一九七三年
杉田敦編『岩波講座現代　第4巻　グローバル化のなかの政治』岩波書店、二〇一六年
庄司潤一郎、石津朋之編著『地政学原論』日本経済新聞出版、二〇二〇年
チャ、ヴィクター・D（船橋洋一監訳、倉田秀也訳）『米日韓　反目を超えた連携』有斐閣、二〇〇三年
富樫あゆみ『日韓安全保障協力の検証―冷戦以後の「脅威」をめぐる力学』亜紀書房、二〇一七年
豊田祐基子『日米安保と事前協議制度　「対等性」の維持装置』吉川弘文館、二〇一五年
ニクソン、リチャード（松尾文夫・斉田一路訳）『ニクソン回顧録①―栄光の日々』小学館、一九七八年
朴正熙（金定漢訳）『民族の底力』サンケイ新聞社出版局、一九七三年
平岩俊二『北朝鮮―変貌を続ける独裁国家』中公新書、二〇一三年
船橋洋一『ザ・ペニンシュラ・クエスチョン―朝鮮半島第二次核危機』朝日新聞社、二〇〇六年
日本国際問題研究所『北東アジアの安全保障と日本』日本国際問題研究所、二〇〇五年
日本国際問題研究所『日米関係の今後の展開と日本の外交』二〇一一年
松尾文夫『ニクソンのアメリカ』サイマル出版会、一九七二年
村田晃嗣『大統領の挫折　カーター政権の在韓米軍撤退政策』有斐閣、一九九八年
道下徳成『北朝鮮　瀬戸際外交の歴史―一九六六〜二〇一二年』ミネルヴァ書房、二〇一三年
リッジウェイ、マシュウ・B（熊谷正己、秦恒彦共訳）『朝鮮戦争』恒文社、一九七六年
李東俊『未完の平和―米中和解と朝鮮問題の変容　一九六九〜一九七五年』法政大学出版局、二〇一〇年
若月秀和『「全方位外交」の時代―冷戦変容期の日本とアジア　一九七一―八〇年』日本経済評論社、二〇〇六年
和田春樹『朝鮮戦争全史』岩波書店、二〇〇二年

〔単行本（英語）〕

Acheson, Dean, *Present at the Creation: My Years in the State Department* (New York: W. W. Norton & Company INC., 1969)

Acheson, Dean, *The Korean War* (New York: W. W. Norton & Company INC., 1971)

Kim, Chul Baum and Matray, James I. eds., *Korea and the Cold War: Division, Destruction, and Disarmament* (Claremont, Calif.: Regina Books, 1993)

Clark, Mark W., *From the Danube to the Yalu* (West Port, Connecticut: Greenwood Press, 1973)

Eisenhower, Dwight D., *The White House Years, Mandate for Change, 1953-1956* (Garden City, N.Y.: Doubleday & Company, INC., 1963)

Eisenhower, Dwight D., *The White House Years, Waging Peace, 1956-1961* (Garden City, N.Y.: Doubleday & Company, INC, 1965)

Matray, James Irving, *The Reluctant Crusade: American Foreign Policy in Korea, 1941-1950* (Honolulu, Hawaii: University of Hawaii Press, 1985)

〔論文（日本語）〕

芦田茂「朝鮮戦争と日本—日本の役割と日本への影響」『戦史研究年報』第八号（二〇〇五年三月）

東清彦「日韓安全保障関係の変遷—国交正常化から冷戦後まで—」『国際安全保障』第三三巻第四号（二〇〇六年）

伊豆見元「アメリカの朝鮮半島政策—対韓国関係を中心に」『国際政治』第九二号（一九八九年一〇月）

梅本哲也「在外米軍の再編：米軍『変革』の文脈で」『国際安全保障』第三三巻三号（二〇〇五年一二月）

奥薗秀樹「盧武鉉政権と米韓同盟の再編」『国際安全保障』第三三巻第三号（二〇〇五年）

小此木政夫「朝鮮における『封じ込め』の模索」『国際政治』第七〇号（一九八二年五月）
我部政明「米韓連合軍司令部の設置」菅英輝編『冷戦史の再検討』（法政大学出版会、二〇一〇年）
河錬洙「駐韓米軍地位協定（SOFA）の現状と課題（一）」『龍谷法学』第三六巻二号（二〇〇三年九月）
河錬洙「駐韓米軍地位協定（SOFA）の現状と課題（二）」『龍谷法学』第三七巻三号（二〇〇四年一二月）
川名晋史「基地研究は何を問うのか」『国際安全保障』第四七巻第三号（二〇一九年一二月）
木宮正史「一九六〇年代韓国における冷戦と経済開発—日韓国交正常化とベトナム派兵を中心にして」『法学史林』（一九九五年）
倉田秀也「在韓米軍再編と指揮体系の再検討—『戦略同盟2015』修正の力学」『国際安全保障』第四二巻第三号（二〇一四年）
倉田秀也「『地域』を模索する米韓同盟—同盟変革と「リバランス」」『東亜』（二〇一三年九月）
阪田恭代「米国のアジア太平洋リバランス政策と米韓同盟—21世紀「戦略同盟」の三つの課題」『国際安全保障』第四四巻第一号（二〇一六年）
高瀬弘文「東北アジアにおける戦後日本の経済外交の端緒—日韓通商協定の締結を手掛かりに」『国際政治』第一六八号（二〇一二年）
秦郁彦「冷戦初期のアメリカ軍事戦略」『国際政治』第七〇号（一九八二年五月）
方俊栄「朝鮮戦争の休戦後における米国の対韓政策の形成」『大学院紀要（法政大学大学院）第七三巻（二〇一四年一〇月）
道下徳成「序論：韓国の安全保障戦略と日本」『国際安全保障』第三三巻四号（二〇〇六年三月）
村野将「平和安全法制後の朝鮮半島有事に備えて—日米韓協力の展望と課題」『国際安全保障』第四七巻第二号（二〇一九年）

道下徳成「激動する東アジアの安保環境　日本が対する四つのシナリオ」『中央公論』（二〇一八年一〇月）
山本章子「極東米軍再編と海兵隊の沖縄移転」『国際安全保障』第四三巻第二号（二〇一五年九月号）
〔論文（英語）〕
Bennet, Bruce W., Kang Choi, Myong-Hyun Go, Bruce E. Bechtol, Jr., Jiyong Park, Bruce Klinger, and Du-Hyeogn Cha “Countering the Risks of North Korean Nuclear Weapons” Rand Cooperation（April 2021）
https://www.rand.org/content/dam/rand/pubs/perspectives/PEA1000/PEA1015-1/RAND_PEA1015-1.pdf
Kennedy, William V., “The Future of US Military Commitments to Japan and Korea,” Strategic Studies Institute, US Army War College, Carlisle Barracks, Pennsylvania（25 August 1976）
Lee, Ji-Young, “The Geopolitics of South Korea-China Relations: Implications for U.S. Policy in the Indo-Pacific” Rand Corporation（November 2020）
https://www.rand.org/content/dam/rand/pubs/perspectives/PEA500/PEA524-1/RAND_PEA524-1.pdf
Matray, James I., “Hodge Podge: American Occupation Policy in Korea, 1945–1948,” *Korean Studies*, Volume 19（1995）
Morrow, James D., “Alliance and Asymmetry: An Alternative Capability Aggregation Model of Alliance,” *American Journal of Political Science*, Volume 35, Number 4（November 1991）
Nakagawa, Herbert W., “The Impact of a Significant withdrawal of U.S. Forces from South Korea,”（*A Research Paper*, Air Command and Staff College, Air University, Maxwell Air Force Base, Alabama, May 1977）

Niksch, Larry, "Special Report: Potential Sources of Opposition to A U.S. Troop Withdrawal from South Korea," *NCNK (the National Committee on North Korea)* (April 2019)
https://www.ncnk.org/resources/briefing-papers/all-briefing-papers/special-report-us-troop-withdrawal

Park, Nathan S., "Why South Korea's Liberals are Defense Hawks" *Foreign Policy* (October 22, 2021)

Rich, Robert G., "Withdrawal of U.S. Ground Combat Forces from Korea: A Case Study in National Security Decision Making," *Executive Seminar in National and International Affairs* (*Twenty-Fourth Session, 1981–82*), United States Department of State, Foreign Service Institute (June 1982)
https://nautilus.org/wp-content/uploads/2012/09/U.S.-Ground-Force-Withdrawal-from-Korea-A-Case-Study-in-National-Security-Decision-Making.pdf

Roehrig, Terrence, "Restructuring the U.S. Military Presence in Korea: Implications for Korean Security and the U.S.-ROK Alliance," *Academic Paper Series*, Vol. 2, No. 1 (January 2007)
https://www.researchgate.net/profile/Terence-Roehrig/publication/290628205_Restructuring_the_US_Military_Presence_in_South_Korea/links/569afbe008ae748dfb0b8d0a/Restructuring-the-US-Military-Presence-in-South-Korea.pdf?origin=publication_detail

Smith, Sheila, "Shifting Terrain: the Domestic Politics of the U.S. Military Presence in Asia," *East-West Center Special Report*, Number 8 (March 2006)

Stueck, William and Yi, Boram, "An Alliance Forged in Blood': The American Occupation of Korea, the Korean War, and the US-South Korean Alliance," *The Journal of Strategic Studies*, Vol. 33, No. 2, (April 2010)

Taylor, William J. Jr., Smith, Jennifer A. and Mazarr, Michael J., "US Troop Reductions from Korea, 1970–1990," *The Journal of East Asian Affairs*, Vol. 4, No. 2 (Summer/Fall 1990)

Terry, Sue Mi, "The Unraveling of the U.S.-South Korea Alliance: Trump Allows a Cornerstone of U.S. Defense Strategy in Asia to Wither," *Foreign Affairs* (July 3, 2020) https://www.foreignaffairs.com/articles/north-korea/2020-07-03/unraveling-us-south-korean-alliance?check_logged_in=1

〔定期刊行物〕

共同通信

毎日新聞

読売新聞

Korea Herald

New York Times

Washington Post

The Wall Streat Journal

索　引

人　名

事　項

【な】

【は】

著者略歴

我部政明
一九五五年、沖縄に生まれる
一九八三年、慶應義塾大学大学院法学研究科政治学専攻博士課程中途退学
現在、沖縄対外問題研究会代表・琉球大学名誉教授

〔主要著書〕
『沖縄返還とは何だったのか』(日本放送出版協会、二〇〇〇年)
『世界のなかの沖縄、沖縄のなかの日本』(世織書房、二〇〇三年)
『戦後日米関係と安全保障』(吉川弘文館、二〇〇七年)

豊田祐基子
一九七二年、東京都に生まれる
二〇一四年、早稲田大学大学院公共経営研究科博士課程修了、博士(公共経営)
現在、ロイター通信日本支局長

〔主要著書〕
『「共犯」の同盟史』(岩波書店、二〇〇九年)
『日米安保と事前協議制度』(吉川弘文館、二〇一五年)
『沖縄を世界軍縮の拠点に』(共著、岩波書店、二〇二〇年)

東アジアの米軍再編
在韓米軍の戦後史

二〇二二年(令和四)八月一日　第一刷発行

著者　我《が》部《べ》政《まさ》明《あき》
　　　豊《とよ》田《だ》祐《ゆ》基《き》子《こ》

発行者　吉川道郎

発行所　株式会社 吉川弘文館
郵便番号一一三―〇〇三三
東京都文京区本郷七丁目二番八号
電話〇三―三八一三―九一五一〈代表〉
振替口座〇〇一〇〇―五―二四四番
http://www.yoshikawa-k.co.jp/

印刷＝株式会社 三秀舎
製本＝誠製本株式会社
装幀＝渡邉雄哉

ISBN978-4-642-03916-1

戦後日米関係と安全保障

我部政明著

〈僅少〉Ａ５判・三五二頁／八〇〇〇円（税別）

安保条約の成立から沖縄返還をへてテロとの戦いへ。戦後の安全保障をめぐる政治過程の中で、現在三度目の米軍再編が行なわれている。米国資料を基に、戦後のアメリカの対日軍事政策を歴史的に位置づけながら、日米地位協定、「思いやり予算」、新ガイドラインなどが、どのようなプロセスを辿って成立したのか、実証的かつダイナミックに描き出す。

日米安保と事前協議制度

「対等性」の維持装置

豊田祐基子著

Ａ５判・三〇〇頁／七〇〇〇円（税別）

一九六〇年、日米安全保障条約の改定と同時に成立した事前協議制度は、米軍による核兵器の持ち込みや軍事行動の際、日本の発言権を確保するために設けられた。しかし、対等性を担保するはずのこの制度は、実際には一度も発動されずに、両国の相互依存を深める装置となっていく。制度の全体像に迫り、日米安保の秘められた側面を暴き出す問題作。